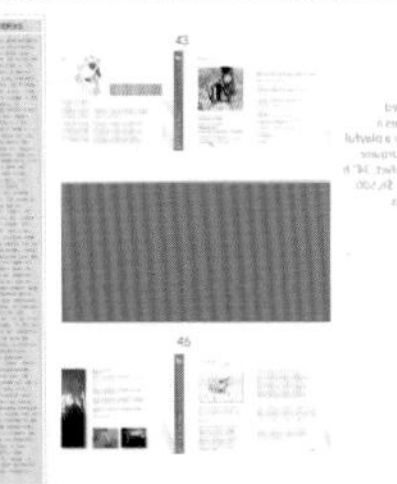

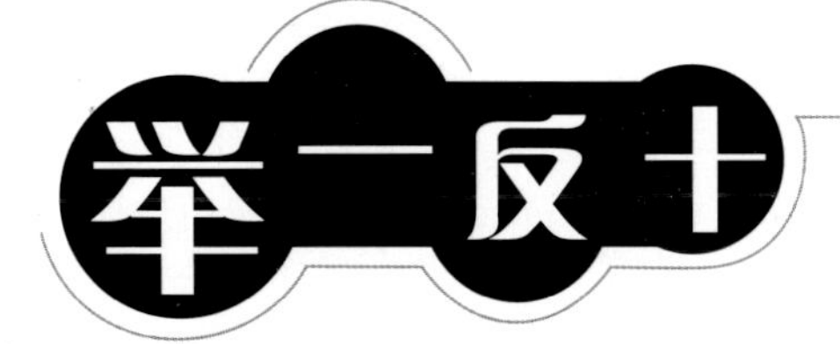

举一反十

UNDERSTANDING THE RULES AND KNOWING WHEN TO BREAK THEM

版式设计诀窍

THE TRICKS OF THE FORMAT DESIGN

陈高雅 编著

北京理工大学出版社
BEIJING INSTITUTE OF TECHNOLOGY PRESS

内容简介

版式设计是通过文字、色彩、图片等构成元素，结合平面构成、网格应用、视觉流程等艺术传达形式，在一定的构图方式、版式编排和形式法则下创作出具有美感的平面设计形式。不同类型的版面信息具有不同的装饰形式，它不仅起着排除其他、突出版面信息的作用，还能使读者从中获得美的享受。

本书观点明确、图文并茂，通过实例分析来丰富读者的设计理念，助其提高审美眼光，掌握版式设计的实际应用技巧。全书共13章，内容包括不可不知的版式设计要领、如何增强文字篇幅较大版面的可读性、如何表现文字篇幅较少版面的主题、如何运用单张图片来传递内容、如果将众多的图片合理摆放、如何运用单色打造特殊的版式效果、如何用色彩来表现主题、采访类文章的版式设计、时尚杂志的版式设计、情报咨询类刊物的版面设计、版面绚丽的宣传单设计、个性笔记本的版式设计、必须掌握的版式编辑技巧等。

全书力求将理论和实践结合在一起，信息丰富且实用价值高，是平面设计专业人士及设计爱好者的必备工具书。

图书在版编目(CIP)数据

举一反十版式设计诀窍 / 陈高雅　编著. —北京：北京理工大学出版社，2013.12

ISBN 978-7-5640-8653-4

Ⅰ. ①举…　Ⅱ. ①陈…　Ⅲ. 艺术设计　①Ⅳ.　①TS881

中国版本图书馆CIP数据核字(2013)第194370号

出版发行 / 北京理工大学出版社
社　　址 / 北京市海淀区中关村大街5号
邮　　编 / 100081
电　　话 / (010)68914775(总编室)　6844990(批销中心)　68911084(读者服务部)
网　　址 / http://www.bitpress.com.cn
经　　销 / 全国各地新华书店
印　　刷 / 北京天颖印刷有限公司
开　　本 / 787mm×1092mm　1/16
印　　张 / 12.25
字　　数 / 302千字
印　　次 / 2014年6月第1版　2014年6月第1次印刷
印　　数 / 4000册
定　　价 / 59.00元

责任编辑 / 杨　倩
执行编辑 / 刘　派
责任校对 / 周瑞红
责任印制 / 边心超

前言

版式设计是现代设计艺术的重要组成部分，是视觉传达的重要手段。表面上看，它是一种关于编排的学问；实际上，它不仅是一种技能，更实现了技术与艺术的高度统一。

版式设计讲究“美感”，每一个线条的曲折粗细是否得当，色彩运用是否调和，插图内涵是否深厚等，都会影响读者的情绪和兴趣。好的版式往往先声夺人，在读者犹豫不决时，悄悄地影响着他的选择。所以，版式设计要充分借助无声的语言去艺术地表现内容，抓住读者的视线，使读者产生丰富的联想、获取强烈的美感。版式设计应用的范围十分广泛，囊括了报纸、杂志、书籍（画册）、产品样本、挂历、招贴画、唱片封套和网页页面等平面设计的各个领域。

本书介绍了设计师必须具备的版式设计重点知识，利于读者明确设计的思路，有效地传递设计作品所包含的信息，通过富有创意的版式设计体现出独特的美感和价值感。本书列举了大量的经典版式设计案例，对设计作品做了有价值的分析，方便读者深刻地理解每个设计师的创作思维及版式设计特点，了解作品中众多的设计技巧，从而学习其设计理念并及时地更新知识储备。

全书共分为13个章节，第1章从不可不知的版式设计要领入手，帮助设计师了解版式设计的基础知识和要领。第2章~第7章分别从图片、文字以及色彩等版式设计的基本元素方面，将“增强篇幅较大版面的可读性、表现文字篇幅较少版面的主题、用单张图片来传递主题内容、将众多的图片合理摆放、用单色打造特殊的版式效果和用色彩来表现主题”等不同的版式设计技巧与案例分析巧妙地结

合，充分介绍了版式设计的设计要领。而第8章~第12章是从不同的版式设计实用应用领域出发，分别从采访类文章、时尚杂志、情报咨询类刊物、宣传单和笔记本等多种实用的版式应用类型中，精选出各类版式设计的优秀作品，分析其特色，将优秀的设计思想投射到读者脑中。最后1章以Photoshop为基础，介绍必须掌握的版式编辑技巧，将版式设计中需要进行特殊处理的图像及文字效果有针对性地筛选出来，让版式设计更具艺术魅力。

本书的特色是通过细致的斟酌，选取国内外大量的最新精彩版式设计作品案例，详细地解析它们。透过不同的版式风格分类，读者能够看到颇具创意且绚丽缤纷的版式，看到整个版面的个性色彩，看到内容的深沉等，从中提炼出设计版式所采用的行之有效的规则与方法，让读者能够深层次地了解设计师的独特思想和创作风格，以及作品色彩方面的情感魅力，学习积累后自己做出十分优美、精致的设计作品。

本书由河南工业大学设计艺术学院陈高雅编著，在编写过程中得到了院校领导、同事和一些艺术同行的热情帮助，在此一并表示感谢。

编 者

2014年3月

举一反十

目录

举一反十版式设计诀窍

Chapter 01 不可不知的版式设计要领

Chapter 02 如何增强文字篇幅较大版面的可读性

Chapter 03 如何表现文字篇幅较少版面的主题

CONTENTS

举一反十 目录

Chapter 04

如何运用单张图片来传递主题内容

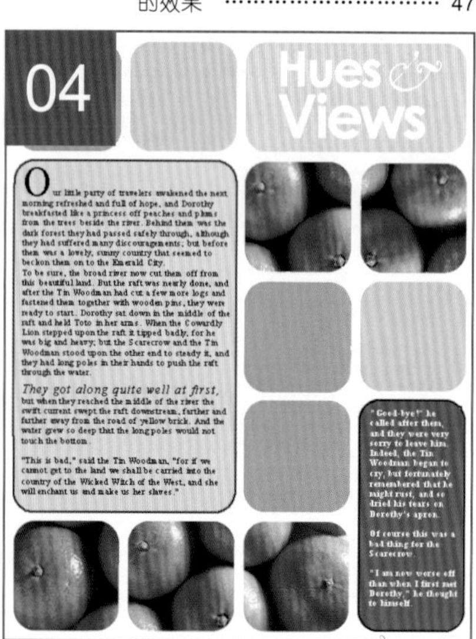

Chapter 05

如何将众多的图片合理摆放

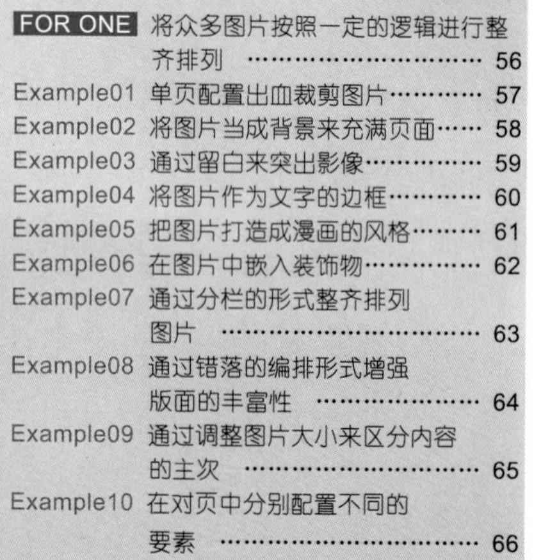

Chapter
06

如何运用单色打造特殊的版式效果

Chapter
07

如何用色彩来表现主题

CONTENTS

举一反十

目　录

Chapter 08

采访类文章的版式设计

Chapter 09

时尚杂志的版式设计

CONTENTS

Chapter
10

情报资讯类刊物的版式设计

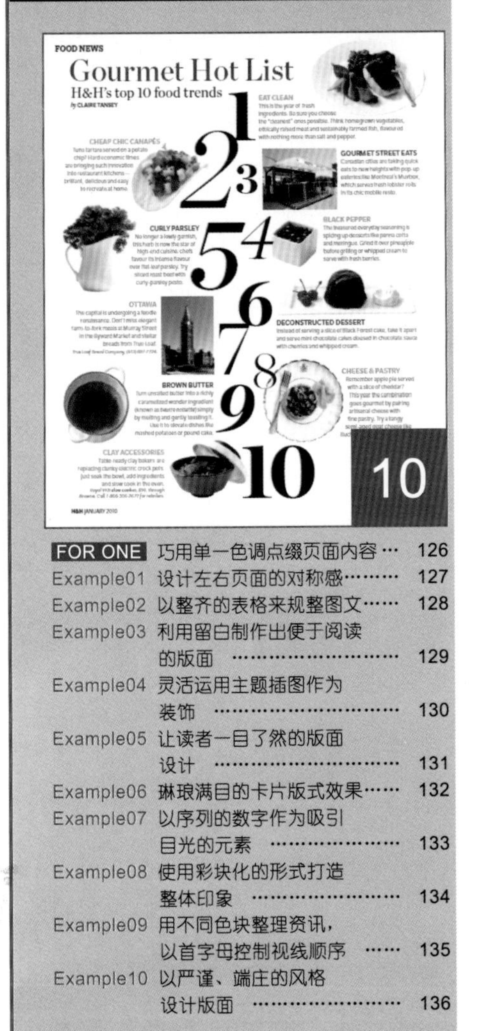

Chapter
11

版面绚丽的宣传单设计

CONTENTS

Chapter 12

个性笔记本的版式设计

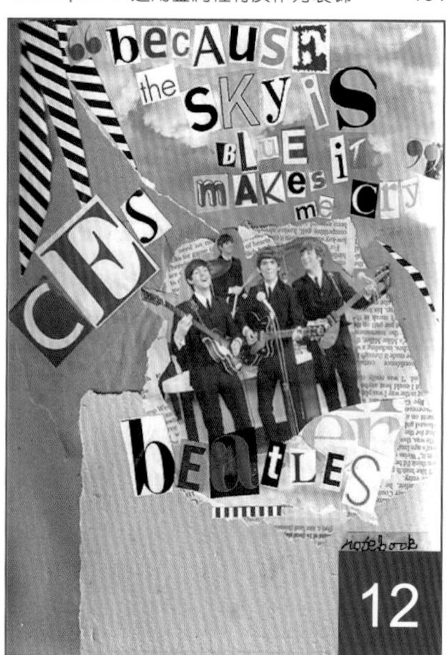

Chapter 13

必须掌握的版式编辑技巧

不可不知的版式设计要领

Chapter 01

版式设计从一开始明确版面主题，确定版面风格，归纳图文信息，再到具体的页面设计，每一步都有一些基本的、重要的设计要领，即设计的基础知识，将其作为参考可给设计师的创作带来很大的帮助。

01 书籍印刷装订的基本知识

认识印刷用纸和尺寸规格

每一种纸张所带给读者的视觉感受是不一样的，纸张的质地会影响版面的色彩效果，也可在阅读时影响人们的心理感受。印刷的纸张开本大小对页面的版式设计有很大影响，在决定所采用开本类型的时候，必须要考虑的因素是根据媒体特点决定开本设计的大小。例如，像杂志这一类，信息含量丰富，又重视视觉形式的图书，就需要采用较大的开本；像小说这一类，在阅读时讲究易读性和便捷携性的图书，就需要采用较小的开本。

A. 开本的类型

开本就是指书刊规格的大小，把一张全开的纸平分裁切后的大小。常见的有32开(多用于一般书籍)、16开(多用于杂志)、64开(多用于中小型字典、连环画)。国家规定的开本尺寸采用的是国际标准体系。书刊现行普遍采用的开本尺寸主要是A系规格，有以下几种：A4（16开）297×210（mm）；A5（32开）210×148（mm）；A6（64开）144×105（mm）。

B. 纸张的选择

纸张的选择也是非常重要的，不同的纸张其印刷效果是不一样的，带给读者的感受也是不一样的。在选择纸张时，除了要注意纸张的幅面尺寸，还要注意选择合适的定量，一般在满足印刷和使用要求的前提下，应尽量选择定量较小的纸张，这样可以降低出版物的成本。下面列举了常见的纸张类型，如右表所示。

纸　张	主要用于
凸版纸	一般书籍、教科书、期刊
新闻纸	报纸、期刊
铜版纸	追求图片色彩效果的各类页面
字典纸	字典、手册
书皮纸	有多种颜色和印刷需求的封面
拷贝纸	装帧有画像页的护页

装订方式

装订是书籍从配页到上封成型的整体作业过程，可分为中式和西式两类。中式类以线装为主要形式，现代书刊除少数仿古书外，绝大多数都是采用西式装订；西式装订分为平装和精装两大类。

A. 平装书的装订方式

平装是我国书籍出版中最普遍采用的一种装订形式，它的装订方法比较简易，运用软卡纸印制封面，适用于一般篇幅少、印数较大的书籍。下面列举了平装书的装订方式，如下表所示。

类　型	装订方式	适用于	摊开的页面效果
平　订	在订口一边用铁丝订牢再包上封面	用于一般书籍的装订	书页翻开不能摊平，需占用 5mm 左右的有效版面空间
骑马订	将书页连同封面，在折页的中间用铁丝订牢	适用于页数不多的杂志和小册子	书页翻开时能摊平
线胶订	将折页配贴成小册的书芯，用线将各书帖串起来再包以封面	适用于较厚的书籍或精装书	既牢固又易摊平，理想的装订形式
活页订	书的订口处打孔，再用弹簧金属圈或螺纹圈等穿锁扣订合	常用于产品样本、目录、相册等	页面增减十分方便

B. 精装书的装订方式

精装书籍主要应用于经典、专著、工具书、画册等，其结构与平装书的主要区别是硬质的封面或外层加护封。圆脊精装书是常见的形式，有柔软、饱满和典雅的感觉；平脊精装书是用硬纸板做书籍的里衬，封面也大多为硬封面，整个书籍的形状平整、朴实、挺拔、有现代感。精装书也有不同于平装书的装订方式，如风琴折式、结绳订合等。

02 版式页面中的设计要素

图片与文字是版面中主要的设计元素，在版式设计中，注意图片与文字的组合排列方式是非常重要的。其中，编排与主题相称的文字、图片与说明文字的编排以及文字的对齐方式都是需要我们了解的。

1 编排与主题相称的文字

在设置与主题相称的文字时，首先需要对文字的字体进行选择。字体指的是文字的结构形式，在版式设计中，也可以理解为文字的一种图形表达方式。不同的字体呈现出不同的视觉感受，应根据不同的版式需求选择不同的字体，最重要的是文字编排要服从表达主题的要求。文字的种类有很多，如英文、法文、日文、中文等，下面主要对中、英文的应用进行举例分析。

A. 中、英文在版式设计中的应用

汉字在设计、编排和印刷品中，常用到的有四种字体——宋体、仿宋体、黑体、楷体。每种字体的自身特点不同，设计师可灵活运用字体的自身特点进行字体编排，如下表所示。

字 体	结 构	特 点	常用于
宋 体	横细竖粗	舒适醒目	书刊、报纸等的正文部分
仿宋体	粗细均匀、宋体结构、楷书笔画	清秀挺拔	副标题、诗词短文、批注、引文
黑 体	粗细一致	醒目简洁	标题、导语、标志
楷 体	源于书法的字体	挺秀端正	学生课本、通俗读物、批注

英文与中文在字体形态上有很大的不同，英文字母的字形笔画简练，主要以三角形（A 、V）、方形（H、E）、圆形（O、Q）等几何图形组成，如下图所示。

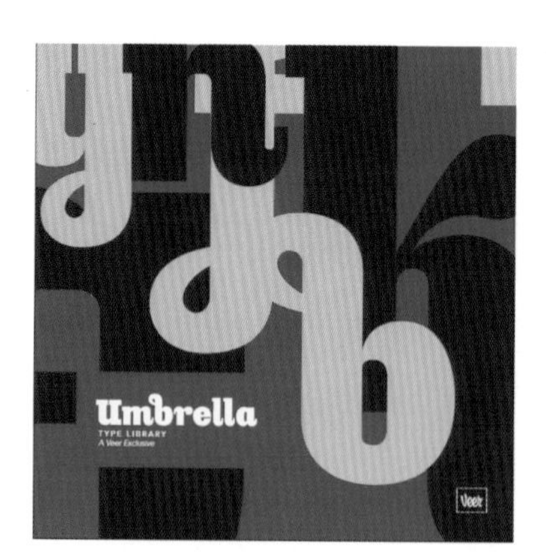

B. 字体磅值的主要作用

字体的磅值是指从笔画最顶端至最底端的距离，其磅值的大小如下左表所示。一篇文章的大标题一般采用最大磅值或者最粗的字体来表现，页面中其他文字根据阅读需要依次改变字体的磅值，从而实现方便阅读的页面效果。根据页面构图的需要，还可以运用字体磅值的大小变化呈现出页面的空间感，如下右图所示。

字号	磅值	字号	磅值
八 号	5	四 号	14
七 号	5.5	小 三	15
小 六	6.5	三 号	16
六 号	7.5	小 二	18
小 五	9	二 号	22
五 号	10.5	一 号	26
小 四	12	小 一	24

 图片与说明文字的编排

图片与文字是版面中主要的设计元素，通常不会以单独的形式出现，一般较常见的形式是图片与文字对齐、文字与图片重叠等。编排时要注意文字与图片的距离，要让人一眼就能分辨出它们的附属栏系列，如下左图所示；若是在图片中直接嵌入文字，对文字的处理主要采用不同于图片背景的颜色来进行区分，如下右图所示。

Rainbow-striped upholstery gives a classic bergere a playful edge. *L'an V Marquise chair. Beech; velvet. 34" h. x 35" w. x 29" d. $6,500. At Roche Bobois.*

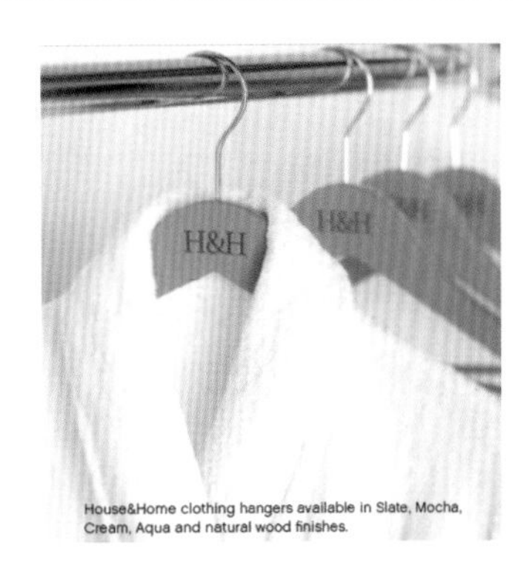

House&Home clothing hangers available in Slate, Mocha, Cream, Aqua and natural wood finishes.

3 文字的对齐方式

文字的对齐方式决定了文字在页面中形成怎样的结构形式，不同的结构形式可给人带来不同的视觉感受。在版式设计中，应根据设计的需求选择与页面主题相协调一致的文字对齐方式。

★ **两端对齐：** 文字端左端和右端均首字对齐，此种对齐方式使文段显得端庄、严谨、美观。如下左图所示。

★ **居中对齐：** 以中心线为轴心，两边文字左右对称，此种对齐方式可以起到使视线集中，突出中心文字的作用，适合用于标题文字的排版，如下中图所示。

★ **左对齐与右对齐：** 左对齐即左端文字首字对齐，右对齐即右端文字首字对齐，左对齐与右对齐的文字排列方式，可使得整个文字段富于变化，加强空间感，如下右图所示。

Clean transportation facility, which targets emissions and energy reduction. Further, the purchase of EVs is subsidized in some countries (e.g. the UK government announced a GBP 5,000 (USD 8,200) subsidy from 2011 onward).

Countries are also promoting the buildup of the EV infrastructure. The first nationwide EV infrastructure will most likely be built in Israel by 2011 (a country with a stated goal of oil independency by 2020), which is supported by the government (tax incentives). Other initiatives include the buildup of EV rental fleets (e.g. Paris is planning to run a fleet of 2,000 EVs and additional 2,000 EVs in two dozen surrounding cities by 2010 including 1,400 stations) and/or public fleets (e.g. London's EV delivery plan aiming to stimulate the market for EVs via incentives, infrastructure investments and the delivery of 1,000 EVs to the public fleet).

All of these programs highlight the willingness of governments to promote the electrification of vehicles. These incentives are mainly driven by strategic objectives to diminish and even abolish oil import dependency. Ultimately, combined with renewable energy technologies like hydro, biomass, wind and solar, countries may be able to generate power domestically. On a geopolitical view, we expect strong competition between the different regions to lead

WORLD
PUBLICATIONS

PRESIDENT
Terry Snow

CHIEF OPERATING OFFICER Jo Rosler
DIRECTOR OF CORPORATE SALES Russ Cherami
ADVERTISING CONSULTANT Martin S. Walker
VICE PRESIDENT/CIRCULATION Bruce Miller
DIRECTOR OF CIRCULATION AND DEVELOPMENT Peter Winn
CIRCULATION BUSINESS DIRECTOR Dean Psarakis
CONSUMER MARKETING DIRECTOR Leigh Bingham
SINGLE COPY SALES DIRECTOR Vicki Weston
DIRECTOR PRODUCTION OPERATIONS Lisa Earlywine
DIRECTOR OF NEW MEDIA TECHNOLOGIES Jay Evans
DIRECTOR OF NETWORK & COMPUTER OPERATIONS Mike Stea
CONTROLLER Nancy Coalter
CREDIT MANAGER Dinah Peterson
DIRECTOR OF HUMAN RESOURCES Sheri Bass
MARKETING DIRECTOR Leslie Brecken
DIRECTOR OF COMMUNICATIONS Dean Turcol

★ **倾斜：** 倾斜即文字相对于版面倾斜排列，该种编排方式的使用会使版面具有动感和方向感，具有较强的视觉吸引力，如下左图所示。

★ **沿形：** 沿形即文字围绕着图形的边缘排列，该种编排方式具有新颖的视觉效果，可使页面具有明确的节奏感，如下中图所示。

★ **渐变：** 渐变即文字逐渐在清晰与模糊之间变化，该种编排方式可使页面的空间感加强，渐变文字的强弱，还可按照主题要求进行调整，如下右图所示。

03 了解不同的网格形式

在版式设计中，网格是最基础、最为重要的元素，应用网格可以将页面中的文字与图片协调一致地编排在版面中，它为设计版面提供了一个框架，可使整个设计中文字和图片信息更为轻松地组织起来。

1 对称式网格

对称式网格就是版面中左右两个页面结构完全相同，其主要作用是组织信息以及平衡左右页面。对称式网格包括两种网格形式，下面将对这两种形式进行具体的分析。

A. 对称式栏状网格

★ **单栏对称式网格：** 在单栏对称式网格的版式中，文字的编排过于单调，给读者阅读带来一定的压力，但是，在一些需要认真阅读的版面中，比如像小说、文学著作等文学性书籍中，为了不打断读者的阅读视线，单栏对称式网格的运用非常普遍，如下左图所示。

★ **三栏对称式网格：** 这种网格结构适合信息较多的版面，可以避免文字较多、单行字数较长带来的阅读压力与视觉疲劳，如下右图所示。

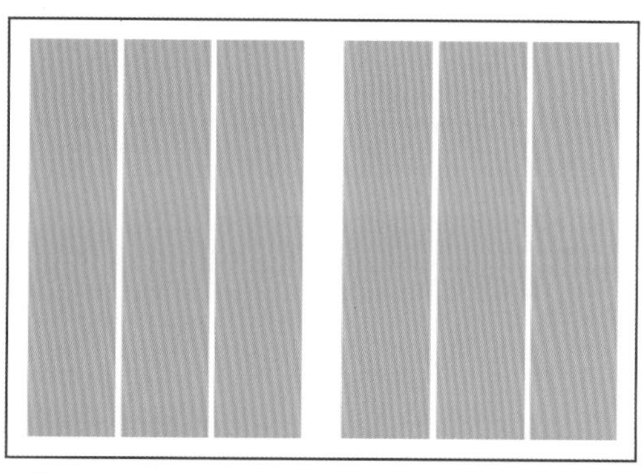

★ **双栏对称式网格：** 采用双栏对称式网格可以起到平衡版面的作用，它相对于单栏式网格来说文字长度较短，但不会打断阅读视线，并且阅读起来相对比较轻松，在杂志版面中运用十分广泛，如下图所示。

★ **多栏对称式网格：** 这种网格不适合编排正文，适合编排类似于表格形式的文字，比如数据目录、术语表等信息，如下图所示。

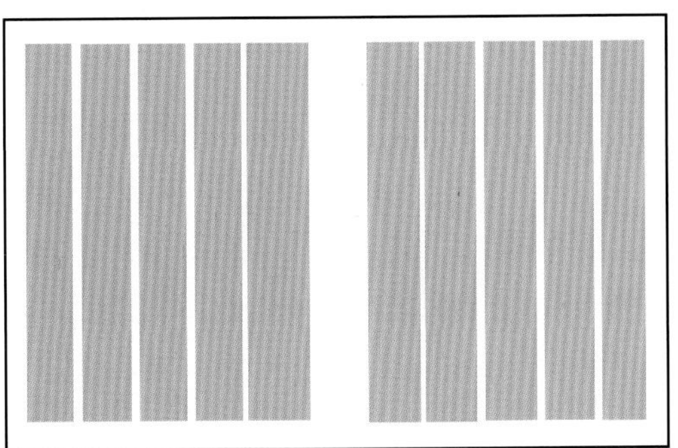
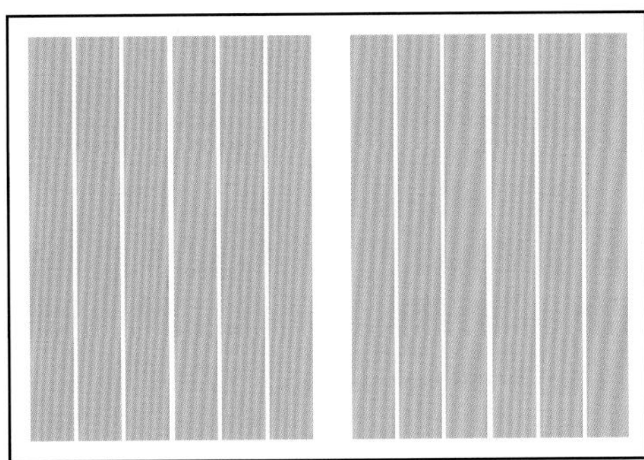

B. 对称式单元格网格

对称式单元格网格是指把版面分成同等大小的单元格，这样的网格具有很大的灵活度，可以根据版式需要自由地编排文字和图片，版式设计中单元格的划分保证了页面的规律性与空间感，如下图所示。

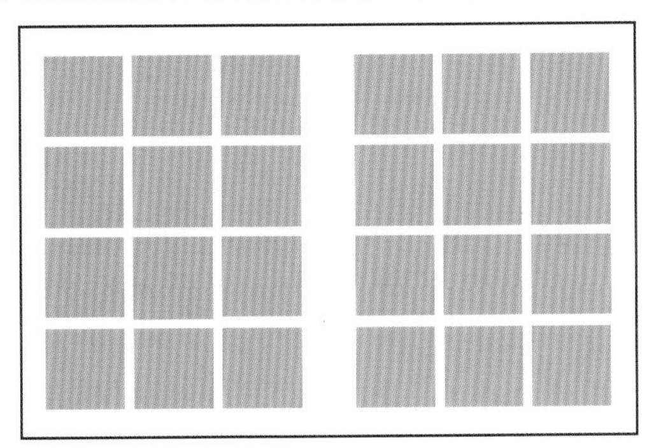
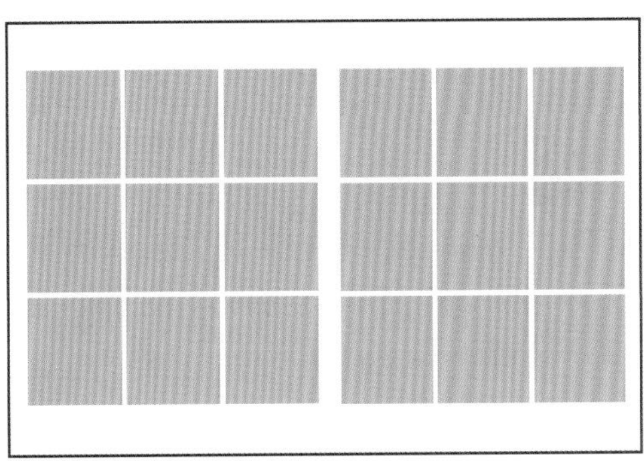

2 非对称式网格

非对称式网格是指左右页面采用同一种编排方式，使其具有同一方向性。非对称式网格是为针对某些需要特殊版式但整体上又要保持统一的页面而提供的一种有效方式。

A. 非对称式栏状网格

非对称式栏状网格是指在版式设计中，虽然左右两页的网格栏数相同，但彼此并不对称。栏状网格主要强调垂直对齐，这样的版式使文字排版显得更整齐、紧凑，如右上图所示。

B. 非对称式单元格网格

非对称式单元格网格的版面结构比较简单，但自由度和多样性较高，设计师可以根据版面需要将文字与图片随意编排在一个单元格或多个单元格中，如下二图所示。

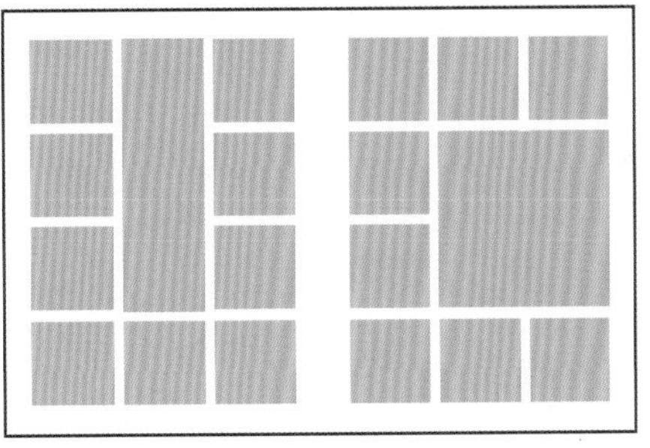

3 基线网格

基线是一条基于文字上下两边的水平直线，是文字的对齐线，当我们在进行文字排版的时候，这条基线为文字的整齐排列做基准。基线网格是不可见的网格形式，但却是构建版式设计的基础。文字的字号决定了基线网格的大小与宽度，设计师可根据字体的字号大小，自由地编排基线网格。

04 全方位思考版式设计

版式设计最主要的功能是让所有的设计元素都能发挥它的最大作用，设计师在考虑怎样实现这一目的的途中，需要解决很多与设计有关的事情，从版式设计的准备工作开始，全方面地考虑设计中的每一个细节，这样才能设计出好的版式设计。

1 设计版式前的准备工作

在做版式设计之前，首先我们要明确该版面的主题，然后根据主题内容确定版面所要呈现出来的视觉感受，最后整理归纳出所提供的图文信息，为具体的页面编排做好准备工作。

A. 读者群的定位

读者群的定位是指版式页面所呈现出的视觉感受能够吸引某一特定人群的关注。根据这一需求，在做版式设计之前，应该确定该出版物所要面对的人物群体，再根据这类人群的视觉心理感受来确定版式所要呈现出来的页面风格。例如设计类的杂志面对的是喜欢设计类的人群，如下左图所示；烹饪类的书籍面对的是喜欢烹饪的人群，如下中图所示；介绍电脑游戏的杂志面对的是喜欢电脑游戏的玩家，如下右图所示。

B. 根据主题内容确定整体的版面风格

在做版式设计之前，设计师要根据所提供的图文信息，明确整个出版物所要表达的主题，在整体上统一全部的页面风格，使每一页面之间不仅有整体的连续性，又有每个部分不同信息所带来的变化性。例如休闲杂志的页面要给读者带来轻松、健康的感觉，如下左图所示；时尚杂志的页面要给读者带来时尚的节奏感，如下中图所示；商业杂志的页面要有一种商业的气息，如下右图所示。

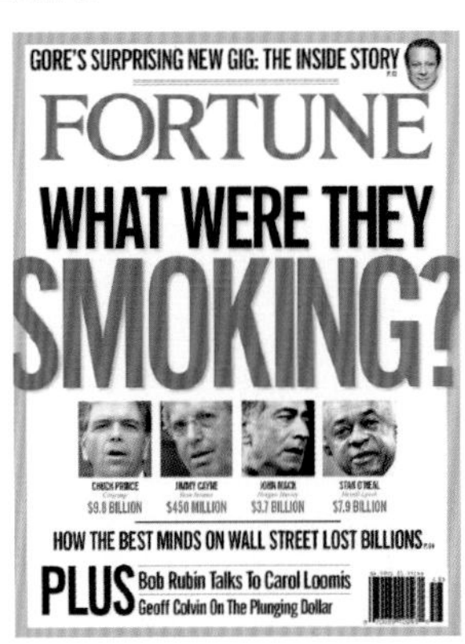

C. 分析归纳图文信息

图文信息一般都是非常零散的，在编排前就需要设计师自行分析和归纳，为正式的排版做好一切准备工作，特别是对图片信息的整理，不仅要分析拍摄对象的角度、色彩和明亮度等方面，还必须确认图片内容的意思。这样进行分析了之后，哪些图片需要放大或裁切，哪些图片需要做特殊处理、这些与正式排版相关的问题就会自然地清晰、明朗起来。以下两幅图便是设计师精心编排的图文繁多的页面，采用了各种编排方法使页面清晰、易读。

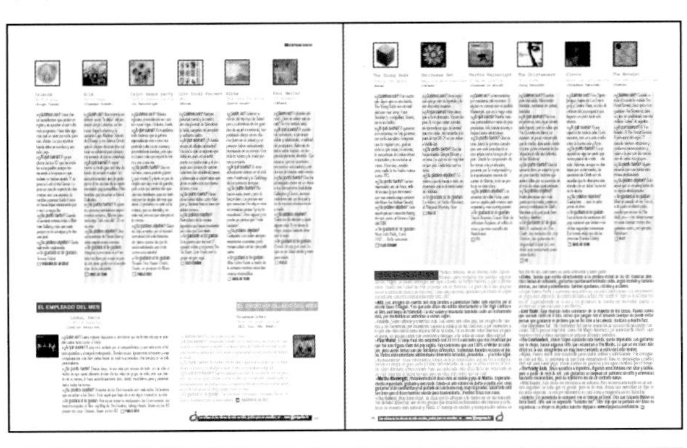

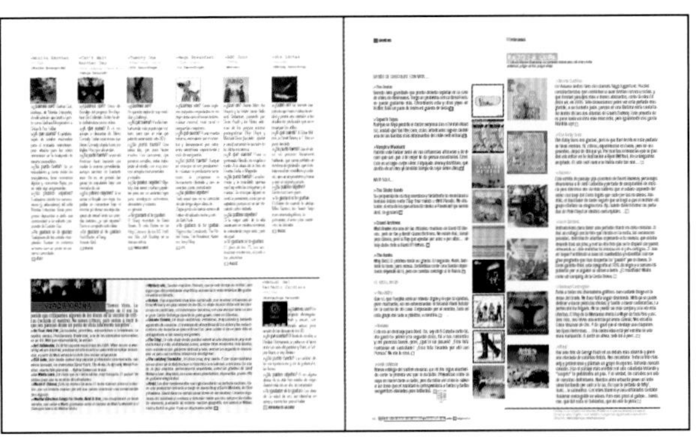

2 不能忽略索引和向导的作用

在许多类型的出版物中，都需要有方便读者查询的文章摘录、页码等信息，这些信息包含目录、索引、标注、解释、术语表、联系方式等，它们是出版物中必不可少的。设计师在做这类版面设计的时候应考虑怎样将这些繁杂的信息与页面主题、正文之间达成协调与融洽。把这些辅助性信息很好地利用起来可以使页面空间层次丰富，起到为主题服务的效果。例如下左图所示的索引信息用不同的颜色区分不同的内容；下中图所示的标注信息用图片和文字结合使读者全面了解内容信息；下右图所示的解释信息放在页面底部使页面整体协调统一。

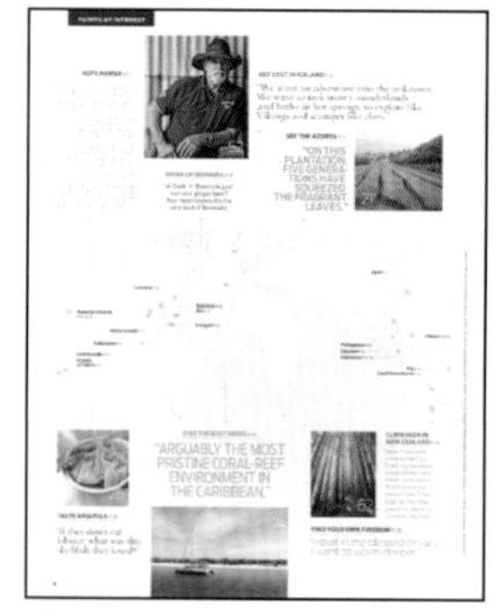

当页面需要特殊的效果时，最好的方法就是控制读者阅读的方式，此方法还可以起到吸引读者的作用。在页面中图片和文字的编排方向，可以很直接地控制读者的阅读方式，比如有角度地对设计要素进行编排，如下图所示。

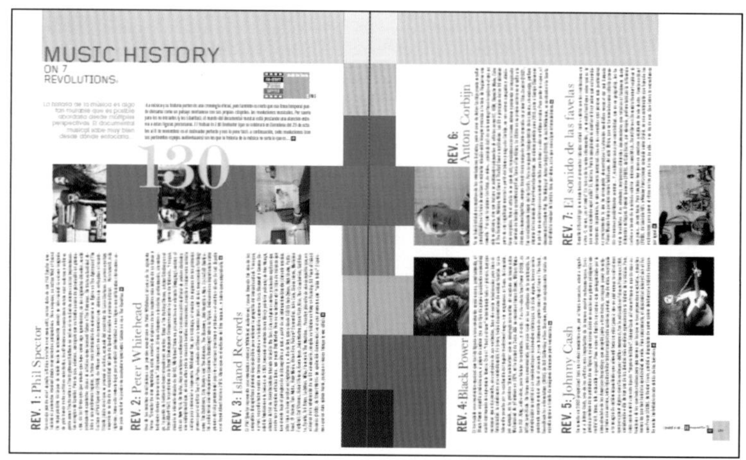

我的版式设计心得

My Experience Of Layout Design

I think layout design is...

如何增强文字篇幅较大版面的可读性

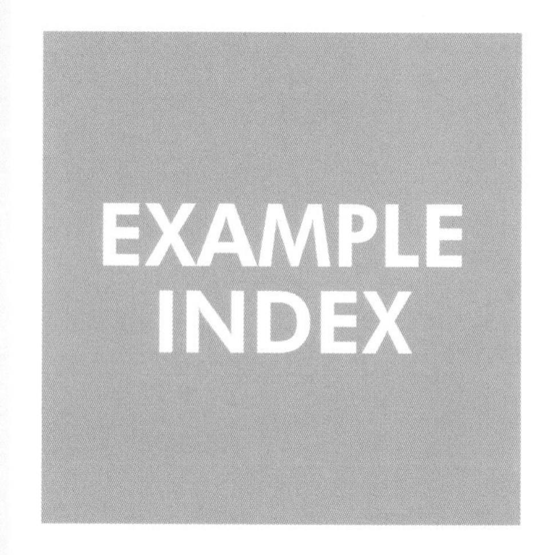

在版式设计中，有的版面文字篇幅较大，为了避免文字量大可能产生的单调感，如何增强版面的可读性来吸引读者是本单元将要解答的问题。

01 采用系统的形式编排文字

02 运用独特的风格进行排版设计

03 传统和现代风格相结合的版式设计

04 以分栏和网格分割版面

05 用基线网格巧妙设置编排规律

06 用突出的标题抓住眼球

07 字体决定了阅读的轻松感

08 将文字图形化以表现独特的个性

09 运用空间感减少文字过多的压抑感

10 让文字分块出现以突出要点

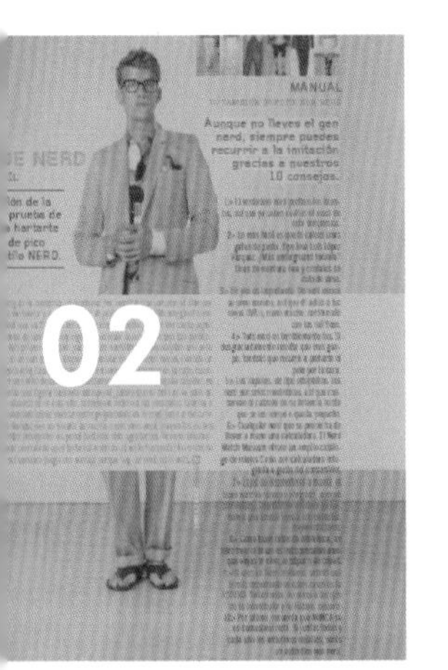

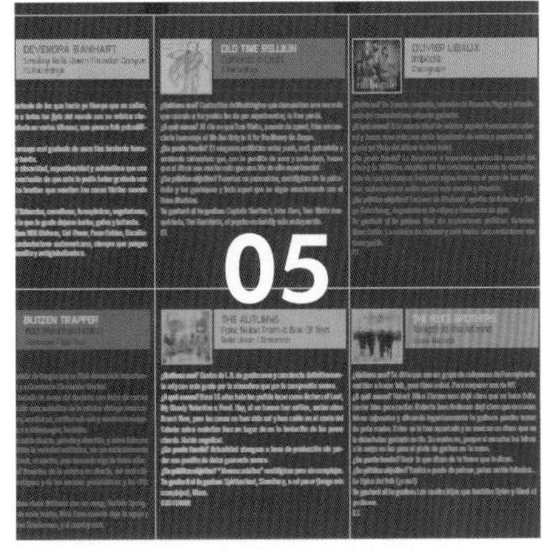

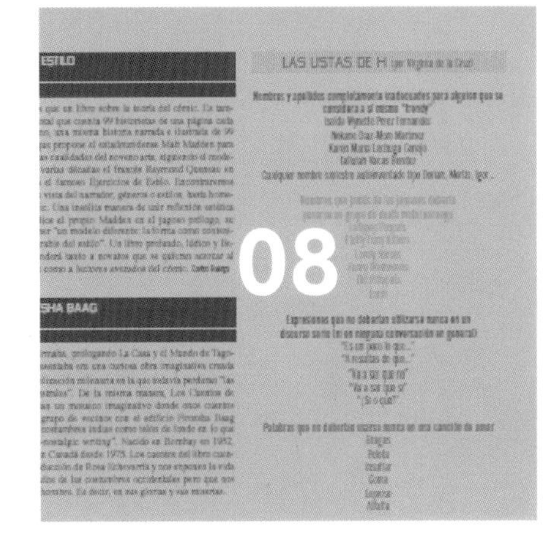

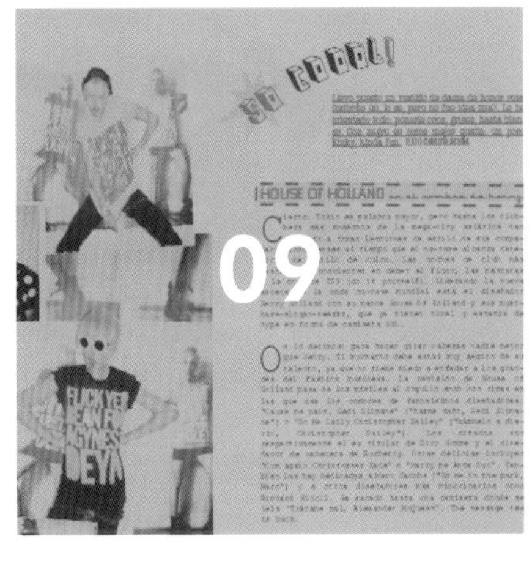

FOR ONE
巧借文字版块划分版面信息

在文字篇幅较多的版面设计中，为了避免文字过多给读者带来阅读上的枯燥感，不妨使用版块的划分将文字进行分段表述，这样一来既能保证大量文字信息的传递，又能使版面井然有序。例如下图所示的杂志内页设计中，将文字进行分栏排放，并借助色彩版块和图片的辅助，使信息得以最大程度的分组呈现，页面丰富、饱满，可读性极强。

LIBROS

BARRY GIFFORD

Me dicen que Barry Gifford pasa por Madrid para presentar la reposición de Carretera perdida y que me toca entrevistarle. Y me siento fatal, claro. Admiro al señor Gifford, pero no trago Carretera perdida.

CRÍTICAS LIBROS

AI YAZAWA

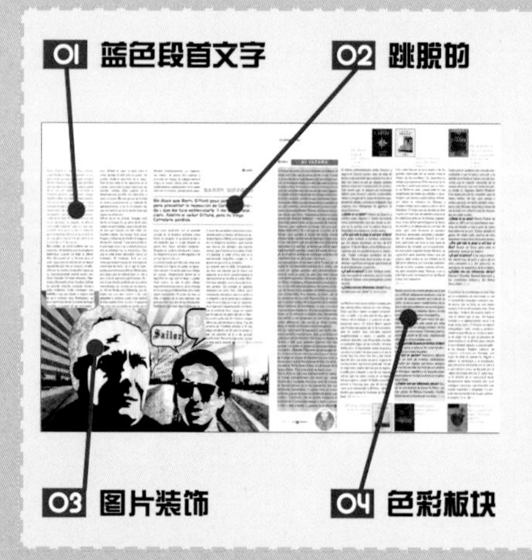

01 蓝色段首文字

将正文的首段内容设置为高纯度的蓝色，在大面积的黑色文字之中形成鲜明的对比，起到了很好的导读作用。

02 跳脱的文字排版

整个页面采用四栏对称编排以及左右均齐的排列方式对文字进行规整，而小部分的引文则采用跨栏编排以及左对齐的排列方式跳脱出统一的编排当中，使版面既统一又富有变化。

03 图片装饰

具有蒙太奇绘画效果的图片妆点于版面左下方位置，与正文内容交相辉映，形成很好的互动，增强了版面的丰富性。

04 色彩板块

在页面右侧，选用与图片色调相匹配的紫红色、蓝色、浅黄色作为文字板块底色，对文字信息进行恰当的划分。

在篇幅较大的版面设计中，如何使文字易读且富有美感，可算是设计者最为关心的问题。在下面的版面设计范例中，就用10个例子告诉大家增强版面可读性的方法。

Example

01

采用系统的形式编排文字

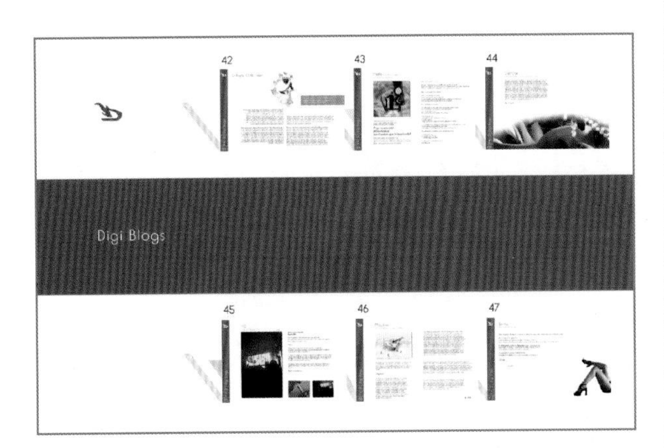

本例先利用红色横条水平居中配置划分版式，给人一种稳定感，再利用投影增强版面立体感，并且配置了数字编码突出版面的条理性。

红色横条水平居中设置

在版面中用红色横条水平居中配置，起到分割版式的作用，以静止的形态给人一种稳定的感觉，增加层次关系。

利用投影增强立体感

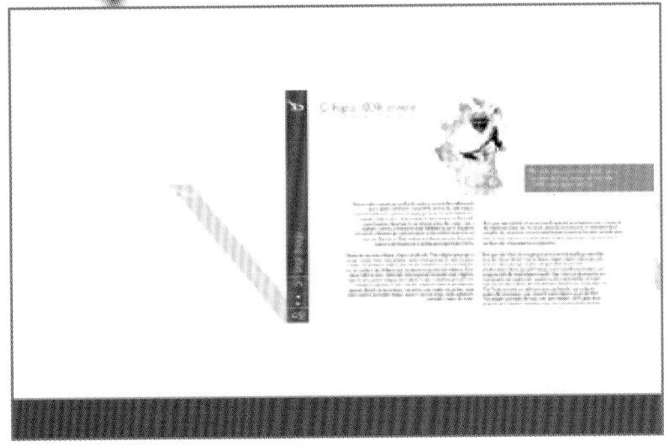

在版面中对红竖条设计了投影倾斜配置，在增强版式立体感的同时也使版面整体更加明亮。

03 利用数字编码引导阅读

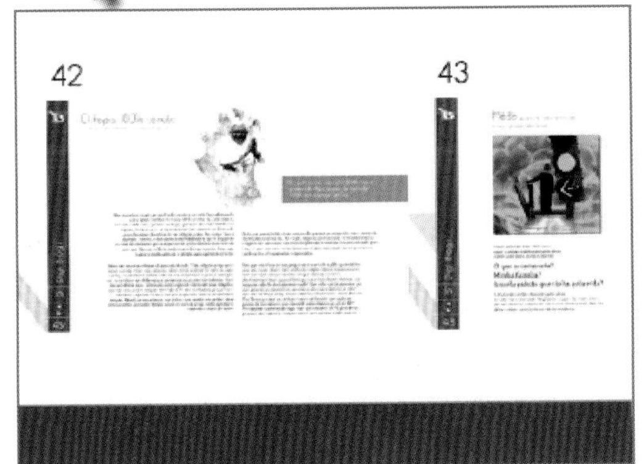

为了突出版面的条理性，于每一块信息上方依次配置了数字编码，引导读者的阅读顺序。

上、下方主要内容相对称

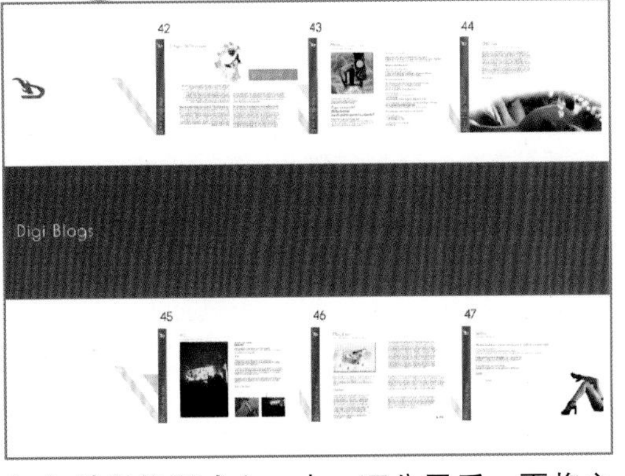

红色横条将版式上、中、下分层后，再将主要内容形成上、下对称的形式编排，可使版面显得整洁、统一。

Example

02

运用独特的风格进行排版设计

本例为了强调文字的重要性，将文字放置于图片的上方，弱化图片而突出文字，并将其分块进行横、纵向配置，提高版面活跃度。

运用红色横线强调主次关系

在版面中通过红色横线的配置对文字内容进行区域分隔，强调主次，体现层次性。

文字遮挡图片突出呈现文字内容

为了强调文字的重要性，将文字放置于图片的上方，弱化图片，从而突出文字，将其推向读者视线。

充分利用色块设计版面

在本例中设计者充分发挥色块的作用，分割版面来设计造型，从而使版面产生动感。

利用文字横、纵向配置提高版面活跃度

将文字分块进行横、纵向配置，有效提高了版面活跃度，使版面更有生气，给人健康、愉悦的印象。

Example

03

传统和现代风格相结合的版式设计

版面中，以传统对齐分栏的形式呈现文字内容，体现一种简约感，再通过流动式的彩条和镂空文字设置，强调时尚之风。

整齐的配置组合图片

在版面中以整齐的配置组合图片，通过规整的形式来突显图片的内容，呈现出一种律动感。

02 中规中矩的传统文字排版形式

All the rmeisy from the audience does' t concall the tect that, boyong its fidolity to Bennet. this revival of tirrifle mot.eceilly.torrile itcoif

将主要内容采用对齐分栏的排版方式进行配置，中规中矩的传统文字排版形式体现出一种婉约感。

流动式彩条制造动感

在图片与文字信息上方配置了斜向的流动式彩条，形象地加强了视觉动感效果。

镂空文字表现时尚感

与传统的版面相比，在图片上相对随性地设置相关文字信息，既体现了现代化资讯的潮流气息，又表现出一种时尚的氛围。

Example

04

以分栏和网格分割版面

在版面中，采用典型的分栏方式进行配置，并与网格的形式相结合，使版面显得工整又有变化，再配置底层浅色块，突显了版面内容。

典型的分栏方式排版

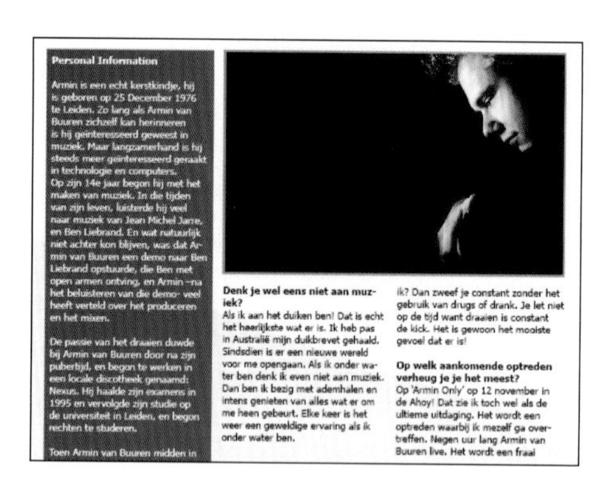

Personal Information

Armin is een echt kerstkindje, hij is geboren op 25 December 1976 te Leiden. Zo lang als Armin van Buuren zichzelf kan herinneren is hij geïnteresseerd geweest in muziek. Maar langzamerhand is hij steeds meer geïnteresseerd geraakt in technologie en computers.
Op zijn 14e jaar begon hij met het maken van muziek. In die tijden van zijn leven, luisterde hij veel naar muziek van Jean Michel Jarre, en Ben Liebrand. En wat natuurlijk niet achter kon blijven, was dat Armin van Buuren een demo naar Ben Liebrand opstuurde, die Ben met open armen ontving, en Armin –na het beluisteren van die demo- veel heeft verteld over het produceren en het mixen.

De passie van het draaien duwde bij Armin van Buuren door na zijn pubertijd, en begon te werken in een locale discotheek genaamd: Nexus. Hij haalde zijn examens in 1995 en vervolgde zijn studie op de universiteit in Leiden, en begon rechten te studeren.

Toen Armin van Buuren midden in

Denk je wel eens niet aan muziek?
Als ik aan het duiken ben! Dat is echt het heerlijkste wat er is. Ik heb pas in Australië mijn duikbrevet gehaald. Sindsdien is er een nieuwe wereld voor me opengaan. Als ik onder water ben denk ik even niet aan muziek. Dan ben ik bezig met ademhalen en intens genieten van alles wat er om me heen gebeurt. Elke keer is het weer een geweldige ervaring als ik onder water ben.

ik? Dan zweef je constant zonder het gebruik van drugs of drank. Je let niet op de tijd want draaien is constant de kick. Het is gewoon het mooiste gevoel dat er is!

Op welk aankomende optreden verheug je je het meest?
Op 'Armin Only' op 12 november in de Ahoy! Dat zie ik toch wel als de ultieme uitdaging. Het wordt een optreden waarbij ik mezelf ga overtreffen. Negen uur lang Armin van Buuren live. Het wordt een fraai

在版面中采用了典型的分栏排版方式进行了文字配置，给人整洁、舒心的印象。

分栏与网格的排版形式相结合

以将分栏和网格相结合的形式来配置相关信息，使版面显得工整而又存在变化，让阅读变得容易。

问答式配置文字内容

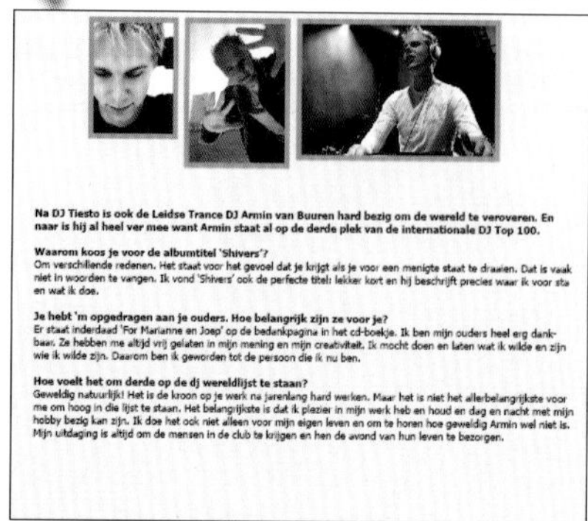

Na DJ Tiesto is ook de Leidse Trance DJ Armin van Buuren hard bezig om de wereld te veroveren. En naar is hij al heel ver mee want Armin staat al op de derde plek van de internationale DJ Top 100.

Waarom koos je voor de albumtitel 'Shivers'?
Om verschillende redenen. Het staat voor het gevoel dat je krijgt als je voor een menigte staat te draaien. Dat is vaak niet in woorden te vangen. Ik vond 'Shivers' ook de perfecte titel: lekker kort en hij beschrijft precies waar ik voor sta en wat ik doe.

Je hebt 'm opgedragen aan je ouders. Hoe belangrijk zijn ze voor je?
Er staat inderdaad 'For Marianne en Joep' op de bedankpagina in het cd-boekje. Ik ben mijn ouders heel erg dankbaar. Ze hebben me altijd vrij gelaten in mijn mening en mijn creativiteit. Ik mocht doen en laten wat ik wilde en zijn wie ik wilde zijn. Daarom ben ik geworden tot de persoon die ik nu ben.

Hoe voelt het om derde op de dj wereldlijst te staan?
Geweldig natuurlijk! Het is de kroon op je werk na jarenlang hard werken. Maar het is niet het allerbelangrijkste voor me om hoog in die lijst te staan. Het belangrijkste is dat ik plezier in mijn werk heb en houd en dag en nacht met mijn hobby bezig kan zijn. Ik doe het ook niet alleen voor mijn eigen leven en om te horen hoe geweldig Armin wel niet is. Mijn uitdaging is altijd om de mensen in de club te krijgen en hen de avond van hun leven te bezorgen.

采用问答的形式配置文字内容，模式统一，具有较强的访问性，利用轻松的对话氛围制造一种亲切感。

利用底层浅色块突显版面内容

在版面底层设置一浅色块衔接版面，增加了版面的层次感，突显了版面内容。

Example

05

用基线网格巧妙设置编排规律

本例利用基线网格来统一格局，使排版简明、条理清晰，再将版面中相对居左、居右的纵栏信息都向中心对齐靠拢，提高了版面的整体性。

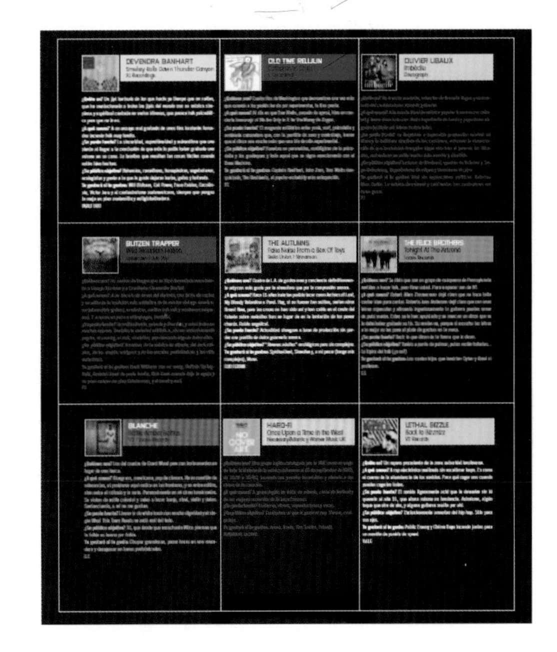

01 基线网格

利用基线网格来统一格局，将所有信息整齐地配置其中，可使整个版面条理清晰、布局简明。

02 统一设置图片与标题

为了强调版面的整齐性，将图片与标题都统一设置，以相似的形态呈现，落落大方。

03 纵向左对齐配置

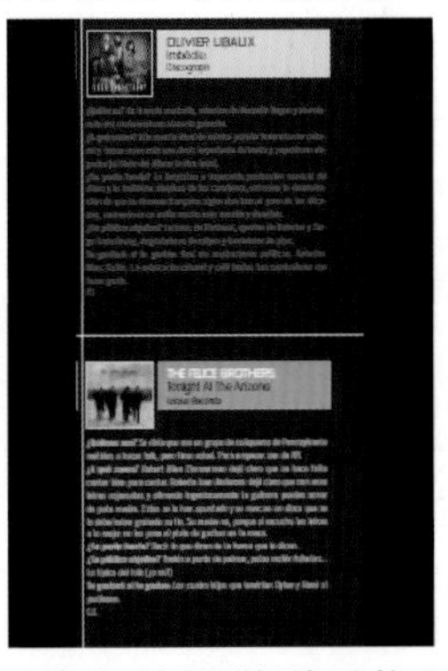

为了强调信息的视觉联系将版面中相对居右的信息全部以纵向向左对齐配置，紧凑明了，体现集合效应。

04 统一并变化文字色彩

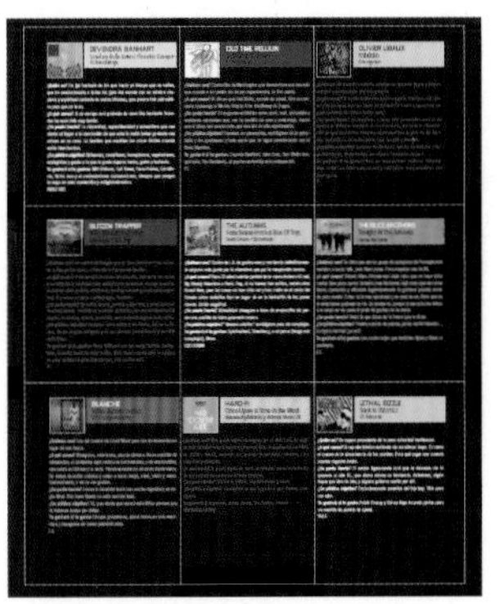

将文字统一配置为红、蓝、白三色，在横向网格中变换色彩位置增强页面的变化性。

Example

06

用突出的标题抓住眼球

本例在整齐的版面中设置了稍显零散的字体作为标题，产生了一种不协调的视觉，从而更加吸引眼球，再配置彩色圆点框住标题进行修饰，使标题显得更加夺目。正文中用文字中存在的空格来制造少许缝隙，增强了版面的透气感。

01 利用突出标题吸引眼球

在整齐的版面中将标题设计成稍显零散、字体大小不统一的形态，使标题产生了一种不协调的错觉感，从而在瞬间吸引住读者的眼球。

02 利用彩色圆点装点标题

为了强调标题的视觉效果，设置了彩色圆点来装点文字，直接增强了标题的艺术魅力，使其更加夺目。

03 利用空格制造透气感

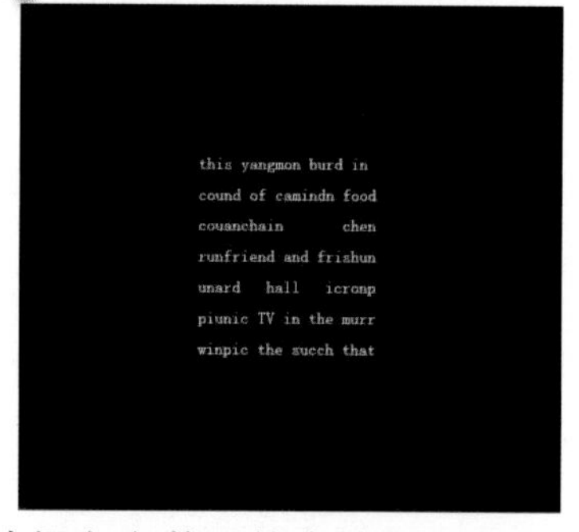

为了减轻文字数量较多给版面带来的压迫感，在段落文字中零星地设置空格来制造一些缝隙，增强了版面的透气感。

04 左、右页面配置相同数量的图片

为了塑造非常工整的版式设计，于左、右页面设置了相同数量的图片，这样的配置比较传统、清新、易于阅读。

Example

07

字体决定了阅读的轻松感

本例标题采用了色彩对称渐变的方式进行设置，加强了其节奏感；配置的小图丰富了版面，增强了版式动感；恰当大小的字体，使阅读更加轻松。

配置纯色装饰版面

为了强调平面装饰风的版式效果，采用了纯色配置图片，以简单的色块来表达内容，从而强化其平面性。

利用颜色的对称渐变配置标题

标题通过字母颜色对称渐变的方式进行配置，制造出左右迂回的视觉效果，加强了版式的节奏感。

利用图案表现速度感

为了加强版面的充实感，利用箭头图案进行装饰，使版面显得更加丰富、美观，还增强了版式的指向性和速度感。

字体使阅读轻松

在版面中文字采用了纯色进行设置，字形工整，大小适宜，符合人们阅读的习惯，使读者在接受信息时更加轻松、愉快。

Example

08

将文字图形化以表现独特的个性

本例为了强调版式的个性，将文字设计成多元化的图形进行配置，利用不同的文字图形营造不同的视觉效果。

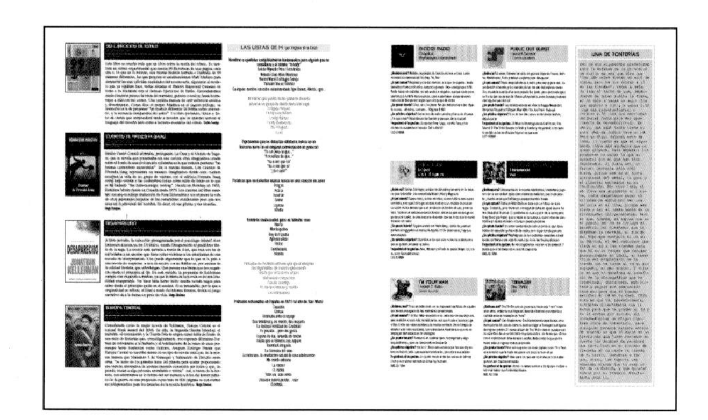

01 统一设置每个小标题的色彩

为了表现内容的一致性，对每个小标题的色彩进行统一配置，与相对居右的字体图形形成对比，使其醒目而统一。

02 将字体设计成倒置图形

为了强调版式的个性风格，将文字设计成倒置图形进行配置，营造出不同常规的视觉效果。

03 强调字体图形化的多元性

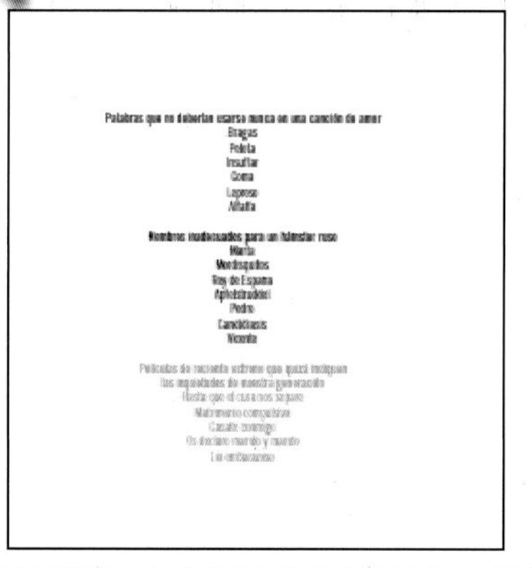

为了突出版式的多元化图形特色，设计了多种多样的文字图形，充分表现出版面的独特个性。

04 对角线配置色彩

采用对角线配色形式配置标题栏底层颜色，在平衡中寻求变化，利用细微的不同，表现出版式的内在联系和统一性。

Example

09

运用空间感减少文字过多的压抑感

本例为了强调标题的视觉效果，设计者创新了单词写法，展现了新的艺术，并对每一个段落的首字母特殊处理，联系起来恰好构成主题性的单词，由形表意，极大地彰显了整个版式的主题思想。

01 创新写法表现艺术性

为了强调标题的视觉效果，设计者舍弃该文字正确的写法而创新形态，以全新的形式来展现另一种艺术感。

02 采用虚线描边标题栏

为了强调标语的重要性，与它的色彩对比设置了一个黑色虚线框，使标语变得醒目，且产生了运动感。

03 首字母构成单词

在版式设计中，对每一个段落的首字母进行特殊处理，联系起来恰好构成主题性的单词，这样细致、鲜明的配置由形表意，极大地突显了整个版式的主题。

04 手写体表现设计感

为了增强图片的时尚感，特意设置了手写体文字，通过随意、自然的形态来表现自由的个性与浓烈的潮流气息。

Example

10

让文字分块出现以突出要点

本例将文字分块配置不仅突出了要点，且简明、整洁；为强调图片的温暖氛围，设置了淡淡的云彩效果；标题以紫色为基调，渲染出静谧、幻想的气氛，给人深刻的印象。

01 居中配图控制文字空间

整个版面纵向居中设置单图，留出左、右空间控制文字内容的配置，这样的版式设计给人立体、直观的印象。

02 黄色字体表现温暖感觉

HOLLY-WOOD DOES IT RIGHT

在版面的左上角配置了黄色字体，与图片的色彩相呼应，表现出一种快乐、温暖的感觉。

03 紫色调标题

在版面中，标题的颜色以紫色为主，配合图片，渲染出静谧、充满幻想的氛围。其中，局部的黄色色块与图片的色彩相呼应，给人深刻的印象。

04 将文字分块配置突出要点

将文字分块配置于图片两侧，并以不同的字体表现形式突出要点内容，使版式简明、整洁，给人宽松的感觉。

我的版式设计心得

My Experience Of Layout Design

I think layout design is...

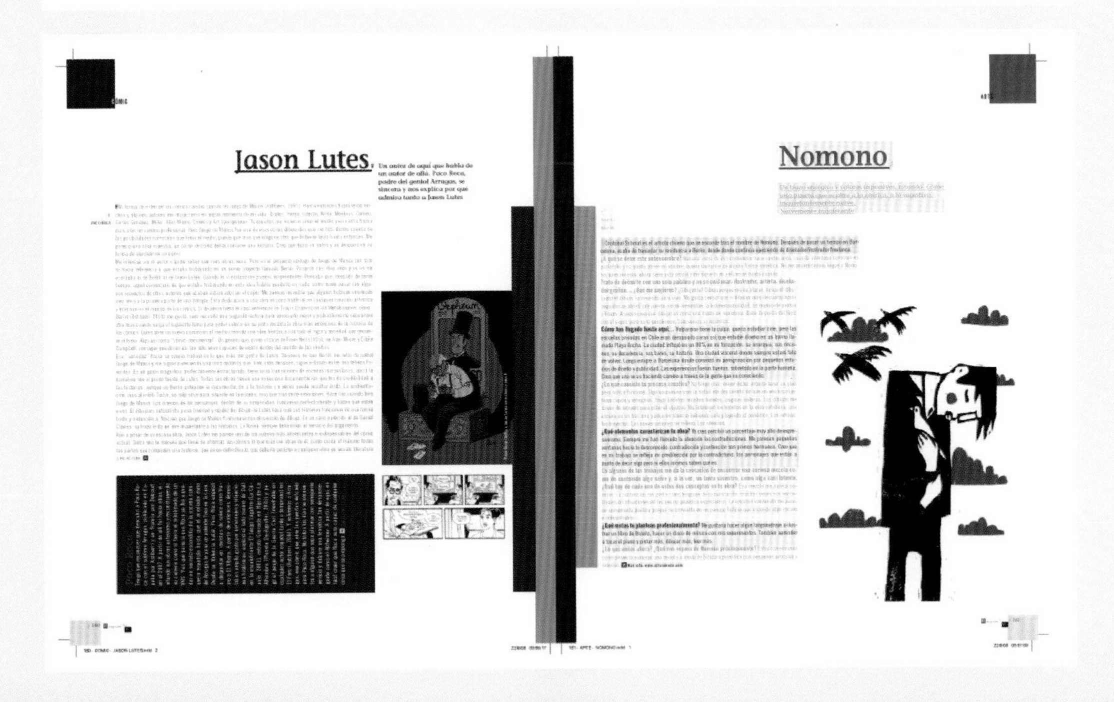
Jason Lutes

Un autor de aquí que habla de un autor de allá. Paco Roca, padre del genial Arrugas, se sincera y nos explica por qué admira tanto a Jason Lutes

Nomono

如何表现文字篇幅较少版面的主题

在版式设计中，有以文字为主要表现形式的版式设计，而如何只利用少量的文字篇幅配置出多种多样的版面，将是本单元需要解决的问题。

01 以纵向为主的排版方式呈现版面内容

02 别具魅力的跨页版式设计

03 降低图版率突出少量文字

04 大胆的复杂文字组合形式

05 采用对比的方式设置立体效果

06 将文字以插图或装饰物的形式装点版面

07 减少文字色彩的数量以突出版面高雅气质

08 巧用反转的颜色凸显版面

09 采用左右对称的编排形式使版面产生统一感

10 设置倾斜的版面以体现动感

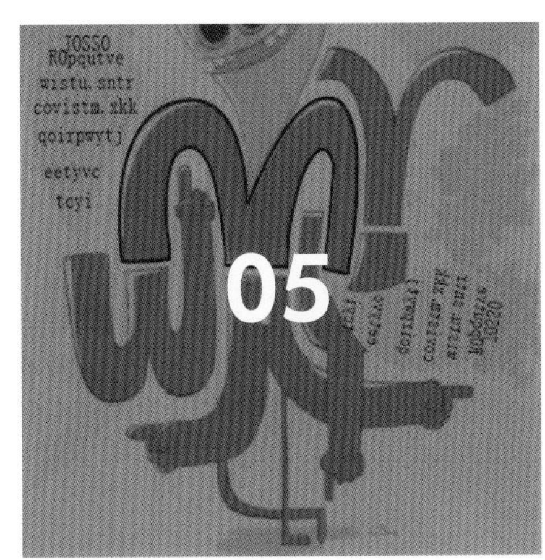

FOR ONE
突出文字色彩与编排强调版面不同视角

在文字篇幅较少的作品中，文字往往是起点明主题、传递页面信息、增强页面艺术感的作用，为了使少量文字能在页面中发光发热，我们可从字体的色彩和编排方式入手，使其呈现出非同一般的视觉效果。如下图所示的广告作品中，设计者利用巧用鲜明的色彩配置和一反常态的编排方式，使主题文字另类、突出，从而给人留下不同的视觉感触。

01 灰色调背景

利用单纯的灰色调做广告背景，既能表现出简洁、低调的视觉印象，又为文字的突出做出铺垫。

02 主题文字展现

本广告是为了推销环绕立体声音响，有了这套系统甚至可以360°地欣赏电影，因此从“背面”这个角度来呈现电影的海报，甚至连电影海报上的文字都刻意进行了镜像翻转，奇特的文学展现的主题；选用高纯度的玫红色为文字色彩，给人直接而醒目的印象。

03 人物造型

为配合镜像文字的表现，广告中的人物造型同样以侧身背对的形式出现，打破了传统广告的创意表现。

04 产品形象

缩小至一定程度的产品形象置于画面右下方位置，使广告的主题更加明确。

在设计中，文字数量不求多但求精即使是篇幅较少的文字同样也能打造出非同凡响的版面效果。在下面所挑选出的设计作品中，便体现出如何利用少量的文字来展现不同的设计主题。

Example

01

以纵向为主的排版方式呈现版面内容

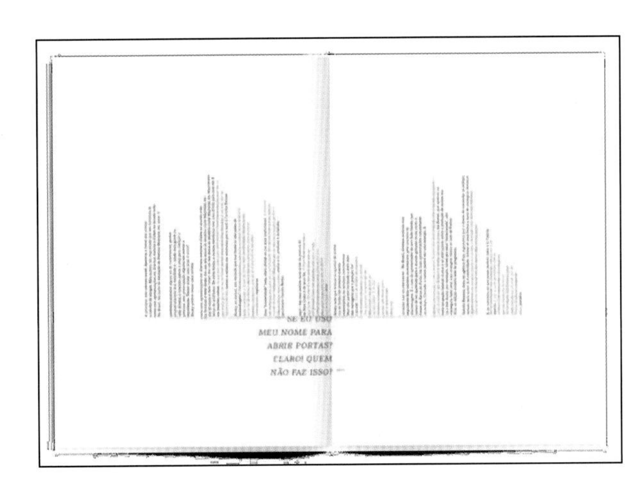

在版式中，以纵向为主、不对称的方式设置了主要文字，利用渐强渐弱的形式产生了强烈的韵律感；再配置少量的色彩，强调文字内容。

01 以纵向为主的排版方式

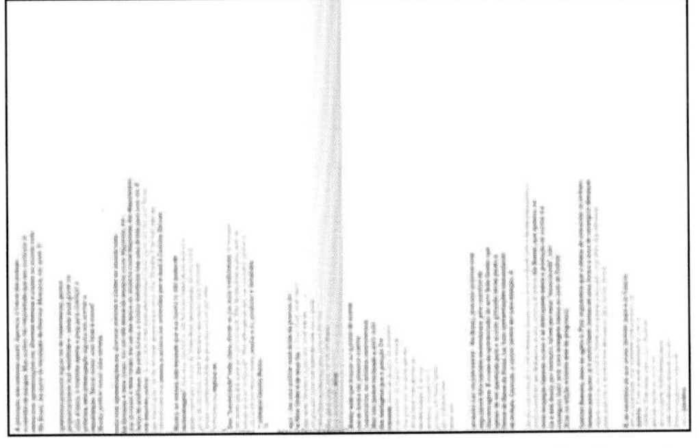

在版式中利用纵向为主的方式设置文字，根据文字的量化对比来表现一种参差不齐的状态，如音符般渐强渐弱。

02 不对称排版

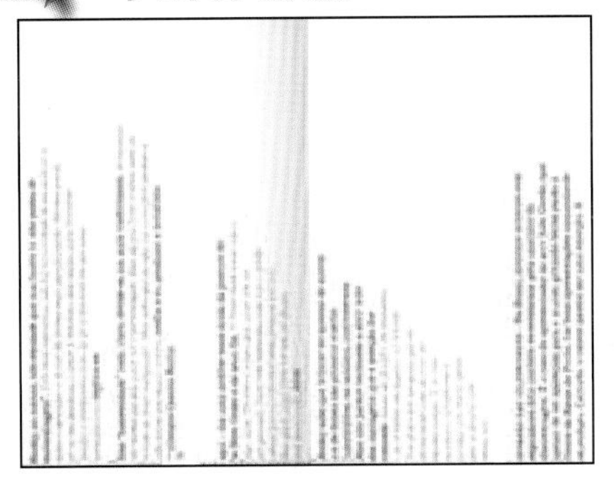

将主要文字以不对称的形式进行配置，如数据分析图表般起伏呈现，产生强烈的韵律感，增强了版面的动感。

03 利用横向标题平衡版面

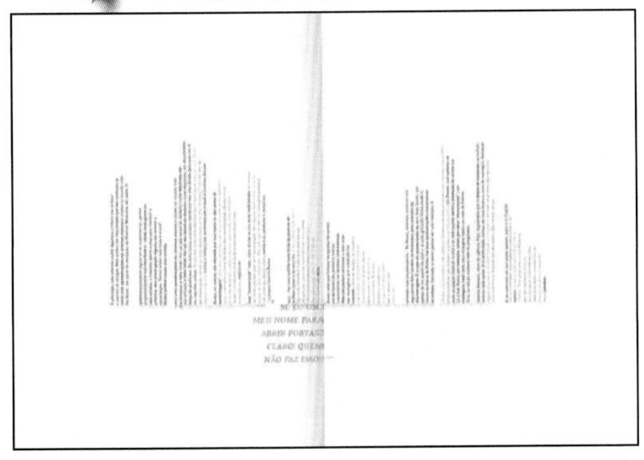

为了使两个页面更好地融合起来，设计者特别设置了横向标题，由于左、右版面不同的性质较多，所以利用水平文字配置平衡版式。

04 少量色彩强调文字内容

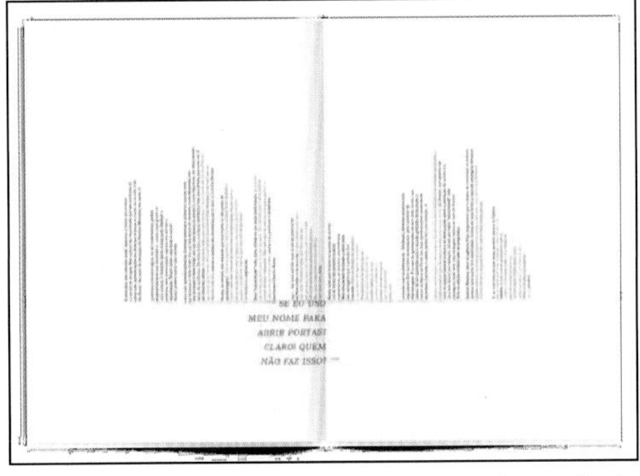

在版面中只运用了屈指可数的颜色来表现版面的变化，以少量的色彩强调文字内容。

Example

02

别具魅力的跨页版式设计

采用跨页版式设计，有利于缩小文字配置空间。标题性文字分别以横、纵交错的形式进行设置，强化了版面的空间关系，再运用倒梯形的异形框架设置文字，利于收缩读者的视线。

01 配置跨页式图片缩小文字配置空间

为了获得更好的视觉效果，加强展开页的整体性，采用了跨页版式设计，该设计形式还有利于缩小文字配置空间。

02 横向和纵向交错设置主题文字

为了统整版面的空白区域，将标题性文字分别以横、纵向交错的形式进行设置，这样的做法有效地强化了版面的空间关系。

03 运用倒梯形的异形框架设置文字

为了增强文字的表现力，运用倒梯形的异形框架设置文字，利于收缩读者的视线。

04 增加网点装饰字体

为了更好地烘托主题，在字体表面上增加了一层网点，并对字体进行装饰，创造出多样的视觉效果。

Example

03

降低图版率
突出少量文字

本例在版式设计中将文字颠倒配置，既增强了版面的动感，也制造出了不同的视觉效果。版面中只配置了两张小图，通过降低图版率而突出少量文字。

01 降低图版率为了突出文字

为了强调文字内容，设计者只配置了两张小图片，通过降低图片率而突出少量文字。

02 配置颠倒文字增强版面动感

将文字以浅色正向倒置的方式颠倒配置，形态起伏不定，大大增强了版面的运动感。

03 配置标准英文字体突出量少而紧凑的文字

I believe there is such a thing as a natural, optimum layout for a book. The design is not inflicted on the content – it is derived from it. Just as drawings can be positioned as if they were drawn on the page, the text should appear to have been placed in the most appropriate space. When there is space left, wherever possible the space is left alone. In other words the text is not tortured to fit around or between pictures, nor are pictures squeezed into whatever space is available. They are scaled with reference to their relevance, actual size, shape, composition or content, and are precisely positioned congruent with the text (there are no fences or mangy corners).

在版面中采用标准的英文字体进行配置，字体间距窄小使文字整体显得突出而紧凑。

04 设置方格底纹统一页面突出少量文字

在图片和文字内容的底层铺上一层方格纹案，增加了版面统一性，还突出了成块效果，从而突出了文字内容。

Example

04

大胆的复杂文字组合形式

本例将背景设置成灰色底纹图案，以奠定版式基调。为了强调主要内容设计，将标题放置于版式中下位置。为了吸引读者眼球，使用各种各样造型的文字以多种方式配置，将丰富的信息以复杂的文字组合形式显现出来。

01 灰色底纹

将背景设置成灰色底纹图案，奠定版式统一基调，使版面整洁，突显主题。

02 版式配色

充分利用黑、白、灰三色进行版面划分，并配置所需资讯，便于读者的阅读相关内容。

03 将标题配置于版式下方

为了强调主要内容，将标题放置于版式中下位置，引导读者的阅读顺序，凸显主题。

04 错综复杂的文字设计

将各种各样造型的文字以重叠、并列或者斜向放置的方式构成版式，增加了版面信息量，更表现了强烈的视觉冲击力，从而起到吸引观者眼球的目的。

Example

05

采用对比的方式设置立体效果

版面中，采用清晰、明朗的标题文字直接阐明主题，然后巧用色块的变化突出文字立体感，接着设计漫画文字增强版面趣味性，并将文字限制在图形中增强动感。

01 清晰、明朗的文字标题

为了直接阐明主题，在版面顶端采用了清晰、明朗的标题进行配置，使标题显得简明而直观。

02 巧用色块的变化突出文字

为了突出文字，将字体增加些许白色色块进行配置，巧妙地利用色块的变化表现出立体的空间感，加深文字印象。

03 漫画文字形式增加趣味性

将字体的形态进行拟人化设计，赋予其人的特征，可爱且颇具吸引力的造型使版式顿时具有生命力，妙趣横生。

04 将说明文字限制在图形中

在版面中将说明性的文字内容限制于两个黄色块中，使其在传达信息的同时增强整个版面的动感。

Example
06

将文字以插图或装饰物的形式装点版面

本例将文字设计成插图配置于图片中，通过增加图版率进而强化图片的视觉表现艺术力。刻意设计的粗体略带涂鸦式的文字，彰显了版面的独特个性。

01 文字作为插图点缀页面

为了充分利用文字来创新版式，将文字设计成插图配置于图片中，利用其呈现形式加强图片的视觉表现艺术力。

02 组合文字和剪贴图

采用多种多元化的剪贴图片和文字进行组合配置,利用独特的造型设计使版面个性、独特。

03 粗体涂鸦字体

为了配合版式的个性剪贴设计风格，刻意设计了粗体略带涂鸦式的文字，稍显脏乱的笔迹突出了一种随性的个性魅力。

04 将文字设计成图形

在版面中根据版式需要将文字设计成图形的形式，利用一个元素实现双重功能，使版面形式复杂多样而内容易读。

Example

07

减少文字色彩的数量以突出版面高雅气质

本例设置了少量柔和的文字色彩，突出了版面高雅的气质。为了增强视觉效果，利用单个字母的相互交错关系进行配置，字体造型个性、创意，艺术观赏价值高。

01 灵活运用动态图片变化版式

为了制造折线形式的动态版面，充分利用动态图片来构成造型配置，从而增加了版面的活力和趣味性。

02 个性字体设计

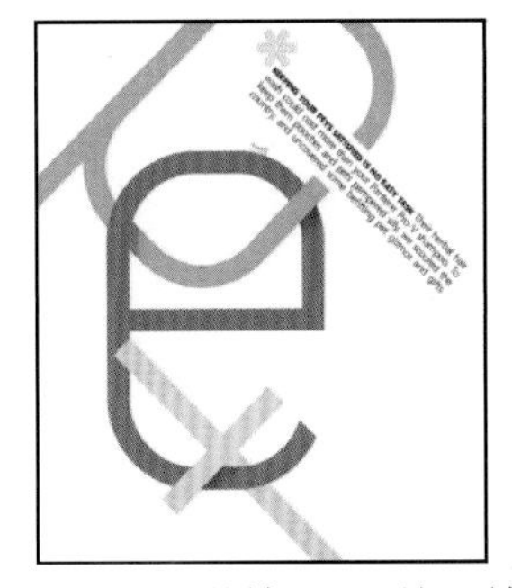

为了增强版式视觉效果，利用单个字母的相互交错关系进行配置，字体造型个性且特具美感，艺术观赏价值高，颇具创意。

03 利用横线制造动感

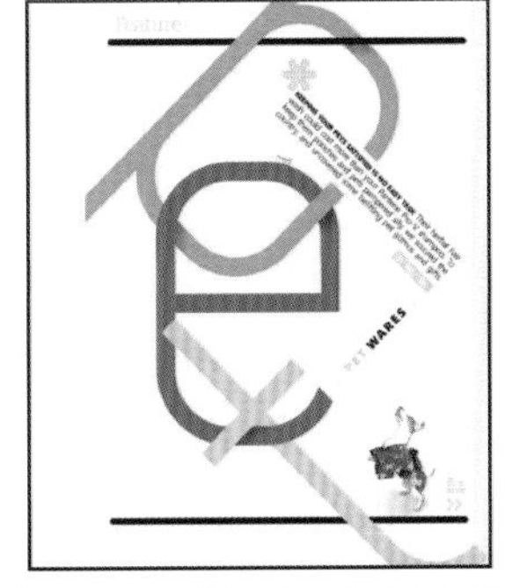

在版面中上、下设置两条黑色横线制造出水平动势，使页面呈现出平稳的状态，调节了稍显错乱的格局，使整体和谐一体。

04 减少文字色彩数以凸显版面高雅气质

在右例页面中配置了少许文字内容，并设置了少量色彩，利用与左侧页面图片颜色相似的颜色设置字体，使两个页面柔和统一以凸显高雅气质。

Example

08

巧用反转的颜色凸显版面

本例充分利用文字色彩的反转效果设置醒目的标题，使其与背景图片相关联的同时，也起到调节配色的作用，再利用留白过渡色突出文字。

01 利用图形色彩浓淡表现层次

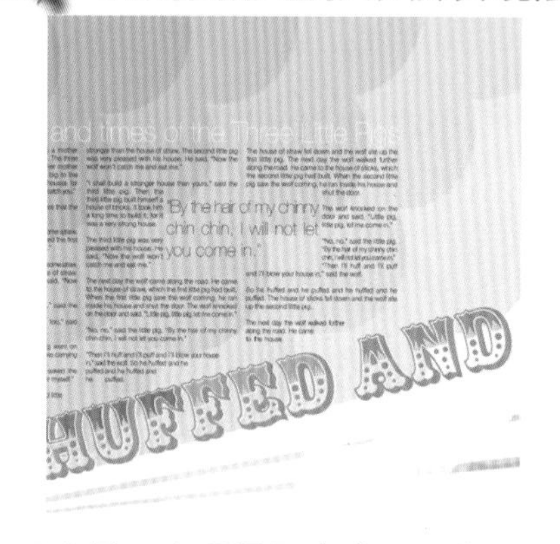

为了在平面中强调层次感，调节图形颜色的浓淡，依次排列配置，利用其变化来表现丰富的层次。

02 统整文字资讯

在整个版面中将文图以标题分开，使主要文字内容统一配置于左上角，这样的设置使功能分区明确，也使版面显得美观、有条理。

03 利用留白过渡突出文字

为了突出标题文字，利用留白层次进行配置。这样的做法使色彩过渡更柔和，也使标题更突出。

04 充分利用文字的色彩反转效果

为了增强版面的视觉效果，设计者将标题的颜色做分割反转，使其既与背景相关联，也起到了调节配色的作用。

Example

09

采用左右对称的编排形式使版面产生统一感

本例将人物主体色彩和文字背景的颜色反转进行对比配置，文字采用对称造型设计，使版面整洁、优美；而双色配置文字也减轻了视觉压力，利于阅读。

01 对称居中设置信息

为了打造简单、中心突出的版式设计，将所有内容放置于居中对称设计的矩形中，集中读者视线，使阅读明快。

02 反转图片主体和背景色彩

在左、右页面的图片中，将人物主体色彩和背景的颜色反转进行对比配置，使版面互相应和而又有所不同。

03 对称文字造型

为了塑造整洁、优美的版式风格，将左、右两边的文字视为整体，以相同面积的形状对称配置，这样既可获得视觉上的平衡，又独具创意。

04 双色配置文字以减轻视觉压力

在版面中采用两种颜色配置文字，利用色彩的变化制造出层次感，减轻了视觉压力，利于阅读。

Example

10

设置倾斜的版面以体现动感

本例将颜色统一的文字倾斜放置制造动感，再配置含有文字颜色的图片边框，表现出文字与图片的整体性，也使页面更加充实。

01 组合文字和方向性符号

组合文字和方向性符号进行配置，起到协调版式平衡性的作用，还呼应了图片的色彩。

02 统一颜色并倾斜配置文字

为了强调整个页面的动感效果，将主要文字统一颜色后采用倾斜式放置，利用一定角度的变化来制造运动趋势。

03 配置含有文字颜色的图片边框

在稍微倾斜的图片边缘处增加含有文字颜色的边框，既表现出了文字与图片的整体性，也利于将读者目光引向中心，还使单图显得更加充实。

04 利用色块衔接图片与文字

为了加强图片与文字的内部联系，特意在文字区域一角设计与图片相关联的颜色块，使版面结合紧凑、完整性强。

我的版式设计心得

My Experience Of Layout Design

I think layout design is...

____

____

____

____

____

____

____

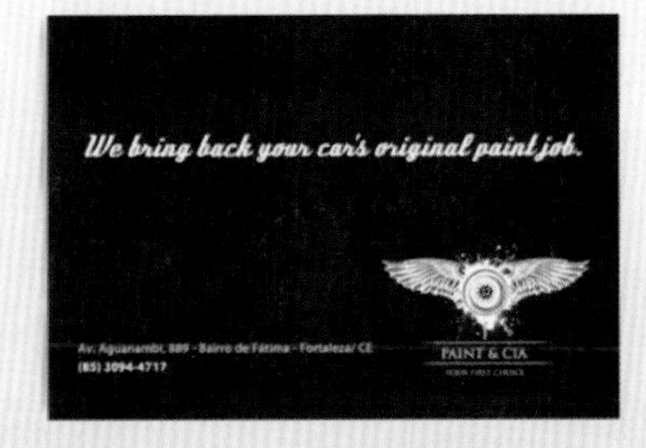

Paint Card

It's more common than we would like to see that our beloved cars have been victims of scratches and dents of all kinds.

Regarding this unpleasant reality, we created a simple and low-budget solution: a magnetic business card painted with proper automotive colours to be stuck to the cars' surface, in order to hide a specific scratch.

Once the owners get to their cars and realize that the scratch is "gone", they will stumble upon the solution - the business card of the company that will take away all scratches and restore the car's paintwork back to its pristine condition.

如何运用单张图片来传递主题内容

本章运用一张图片来塑造别具魅力的版式设计，让版面不单调，而且能传递深刻的主题内容。如何只用一张图片就能充分表现主题，是本单元将要解答的问题。

- 01 缩小页面空白提高版面的利用率
- 02 将图片作为背景呈现
- 03 利用遮罩来强调版面的主题
- 04 设置多层次的渐隐重叠效果
- 05 复制图像制作出意象式的效果
- 06 运用裁切方式打造版面的错落感
- 07 通过对图像进行加工营造气氛
- 08 高位置图编排以增加运动感
- 09 将图片采用简洁的图表框方式编排
- 10 表现特殊个性的绘画图像效果

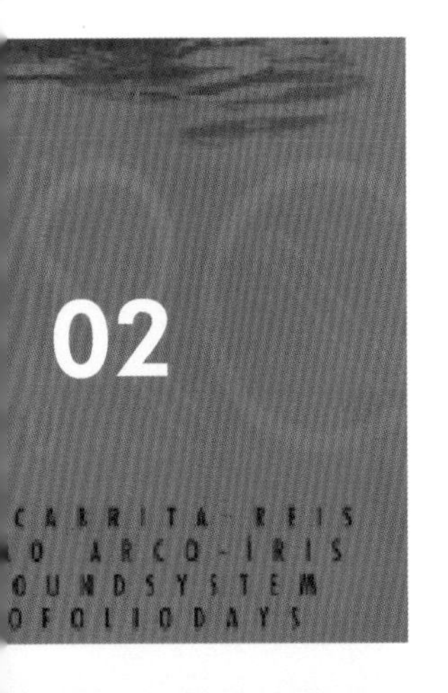

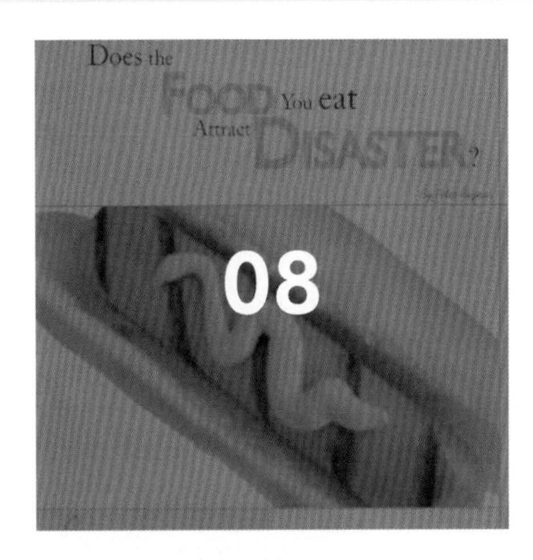

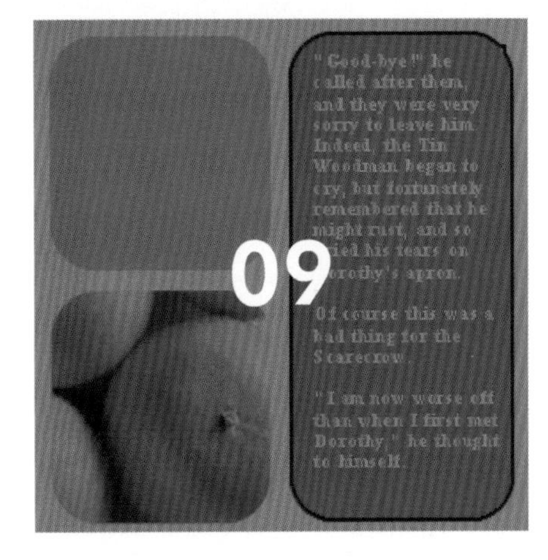

FOR ONE
高图版率彰显画面大气之风

所谓图版率其实就是版面中图片与文字在占用面积上的比率，其中高图版率即是指图片的面积远远大于文字面积，图片成为版面中的主导元素，而文字仅作为辅助。将单张图片以高图版率的形式铺设于画面之中，能够大大提升观者的视觉兴趣，引发其好奇心。如下图所示的汽车广告中，画面将图片刻意放大，仅在下方预留的空白中进行文字说明，简洁、大气的表现手法，有效地增强了作品的传播力。

01 高图版率

将方形图片进行放大后填充于画面之中，高图版率的设置使图片得以最大程度的呈现，令画面美观又大气。

02 夸张的图片表现

该则广告巧妙地运用了夸张的表现手法，实体物品与塞入车内的缩小物品形成鲜明的大小对比，以强调汽车的超大容量。

03 文字信息

在画面下方预留的空白空间里，仅用简洁的少量文字信息即传递出广告主题，令广告主旨明确。

04 品牌标志

将汽车标志缩小后置于画面右下角空白处，既不影响画面的整体美观，又能明确出品牌形象。

图片较之于文字有更强的视觉张力，在设计当中，即使是单张的图片，也同样能打造出主题鲜明、内容充实的画面效果。在下面列举的案例中，便提供了多种单张图片的设计方式。

Example

01

缩小页面空白提高版面的利用率

在版面中，仅留出少许空白，提高了版面利用率；为了突显主体人物，利用黑色曲线制造出静态效果，以静衬动；借用稍显破碎的字体形态，表现个性主题。

01 少许空白提高版面利用率

为了提高版面利用率，只留出少许空白，这样的做法使整个单图的呈现形式更加独特、别出心裁。

02 利用曲线反衬主体动态

在图片中设置黑色曲线段，制造出静态效果。运用以静衬动的方法突出中心主体人物的强烈动态。

03 稍显破碎的标题形态

在版面图片上配置了形态不完整的标题字体，以一种有点破碎的形象凸显主题。

04 镜头模糊效果

为了进一步强化流动感，对图片采用了镜头模糊效果，增加其动态，突出一种刺激感，传达激情，激发读者的兴趣。

Example

02

将图片作为背景呈现

为了简明的呈现主题，本例采用单图来作为背景配置，利用动态模糊效果突显真实感。标题以具有圆滑轮廓的字体展现，主要内容则设置成倒梯形形式，表现出文字的独特魅力。

01 动态模糊效果

在版面中对背景图片局部使用了动态模糊效果弱化其呈现状态，真实地展现了图片的场景，给人一种身临其境的感觉。

02 圆滑字体

为了以文字形象传达主题，版面的标题采用了具有圆滑轮廓的字体来呈现，此设计体现了水的透明质感。

03 倒梯形排列字体

PEDRO CABRiTA REiS
GERACAO ARCO-iRiS
LCD S OUMDSYSTE M
PORTOFOLIODAYS

为了提高文字的观赏价值，将主要内容呈倒梯形的形式逐个排开进行配置，字体之间的空隙设计新颖大胆，增强了欣赏价值。

04 图像消隐效果

为了增强整个版式的视觉效果，将图像局部消隐，使其看不见，这样夸张的做法使图片更具艺术感。

Example

03

利用遮罩来强调版面的主题

本例版面以高贵黑色为主进行配置，利用各个要素间的明暗关系来表现其高级感，并利用遮罩功能将重点内容清晰呈现，强调了版面的主题。

01 遮罩效果

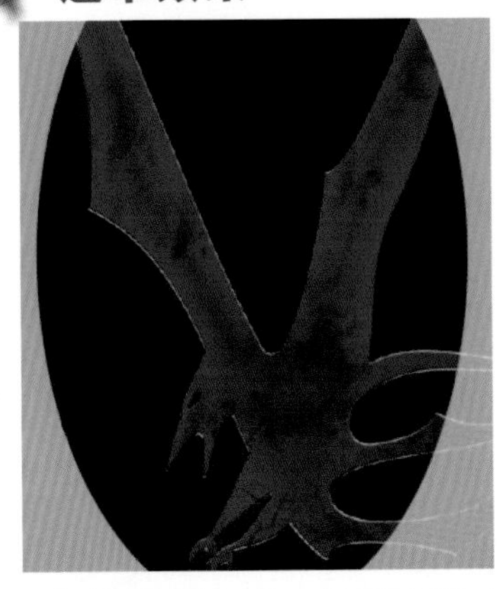

为了更好地强调主题，运用遮罩功能，将图片局部重点呈现出来，从视觉层面上集中视线，突出中心。

02 利用痕迹增强图片视觉效果

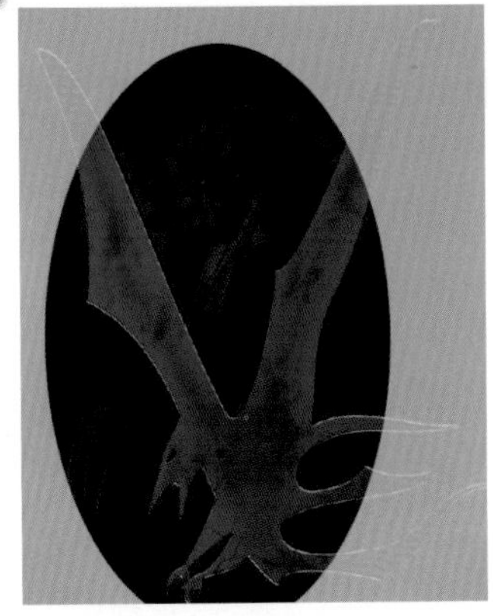

为了表现图像的速度感，设计者加上动态痕迹来细腻地刻画，这样的做法使页面更加逼真。

03 如利器般的字体

在版式中从阅读信息的角度来加深印象，文字的配置采用了和图片相同的颜色，并以如利器刻划般的字体表现出一种锐气。

04 文字底纹

由于整个版式布局较简单，将文字放大做成底纹的形式来呈现，不仅加深了人们对信息的印象，也丰富了视觉空间。

Example

04

设置多层次的渐隐重叠效果

本例利用物体阴影增加厚度以制造分层效果。将图片不同清晰度的影像反复叠加给人一种幻觉，并通过重叠文字强化多层次的渐隐重叠效果，表现出的强烈一致性令人印象深刻。

01 利用阴影制造分层效果

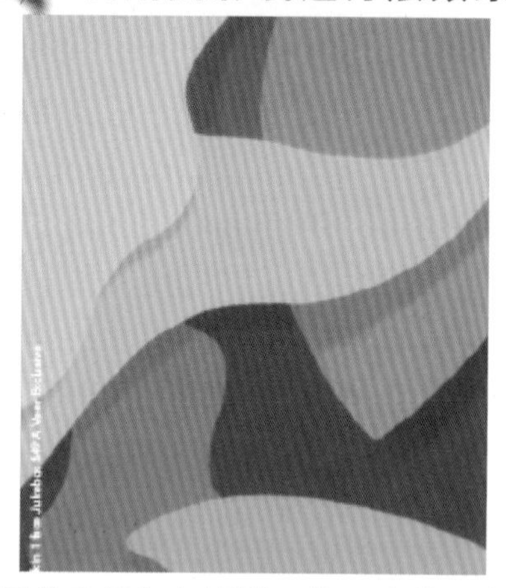

在图片底部加入阴影，使图片的厚度增加，制造出多个层次，呈现分层效果。

02 多层次渐隐效果

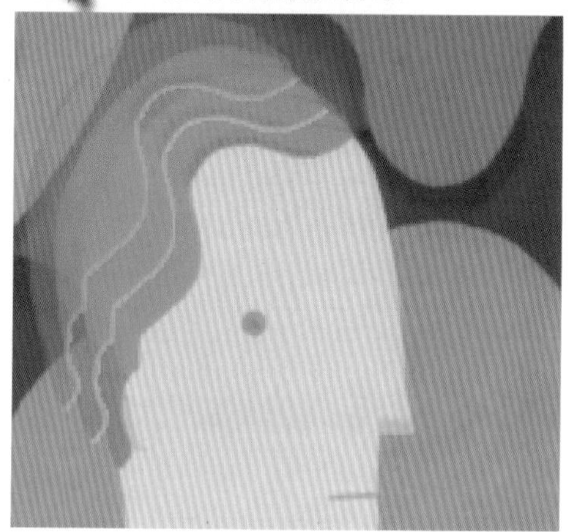

将图片不同清晰度的影像重复依序叠加，给人虚幻的感受，突显主体。

03 利用重叠影像加深色彩感

Natural talents
like Dan Yaccarino.

Whether they were born with it or not, Veer features images by illustrators of undeniable talent. To see more of Dan Yaccarino (whose work has appeared in Time, Rolling Stone, and on Nickelodeon), browse Stock Illustration Source on the Veer web site. You'll also find thousands of other signature images, in styles from mild to wild.

为了强化主题，将文字叠加多个影像，在强调视觉效果的同时，加深了其色彩表现力，给读者留下深刻印象。

04 利用纯色凸显层次

在整个版面的中心位置采用了纯色塑造形象，以暖色平面来对比其他元素，反面突出页面丰富的层次。

Example

05

复制图像制作出意象式的效果

本例将图像复制并相交配置，制造出好像多个幻影的错觉，给人意象式的图像效果；并且，调节颜色的亮度，借助色彩转折来表现三维立体空间感。

01 叠加纹理效果

为了强化图片的幻影效果，在图片上叠加一层纹理装饰，使页面清晰度降低，模糊感增强。

02 提亮局部以制造立体感

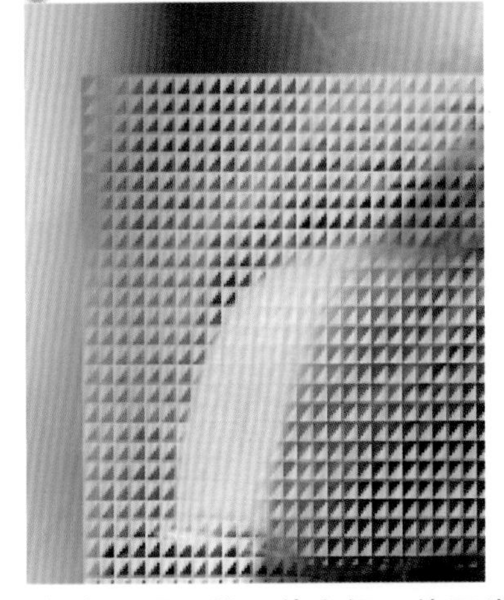

为了充分展现三维立体空间，使图片显得更加真切，将图片局部的颜色变得相对明亮，利用色彩转折来表现立体感。

03 复制图像以制造出意象式的效果

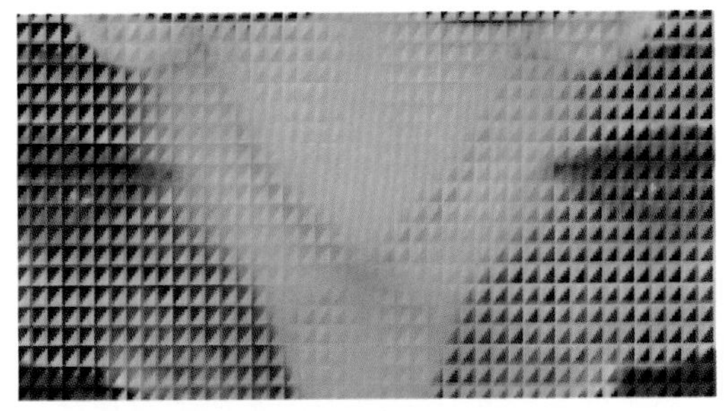

将图片复制并相交设置，利用多个图片制造出一种意象式的图像效果，使图像给人重复的动态感产生错觉现象。

04 加深底层色彩以突出文字

为了重点呈现出文字而将底层颜色加深来配置，从视觉上明示读者，并强调色彩变化。

Example

06

运用裁切方式打造版面的错落感

本例整个版面的打造以出血裁切方式配置图片来表现错落感，再利用文字的错位形式来制造差异，增强落差，强调出版面的变化，同时又使版面不失整齐感。

01 利用图片裁切方式制造版面错落感

为了突出版面错落感，将图片以出血方式配置，并且特别把一张全图裁切分离，留出少许空隙来制造出错位的状态表现出落差。

02 红色指示

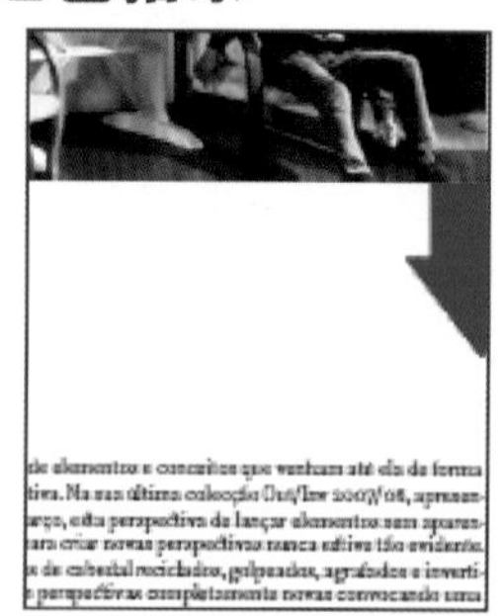

在版面边缘处以红色箭头方式来表明构成关系，也间接提示了阅读顺序。

03 以错位文字制造差异感

为了配合主题，在整齐的版面中制造些差异性，将一段文字加上模糊效果，并以不对齐其他文字内容的形式配置，强调了版式不同的变化感。

04 右对齐文字

在版面中，将所有文字内容以右对齐的形式呈现，产生向右靠拢的势态，引导读者视线。

Example

07

通过对图像进行加工营造气氛

本例将标题文字简化设计成线型，显得简练而有创意；再将图片边缘颜色淡化，使其很好地融于背景，并使边缘产生朦胧效果；然后增添各元素轮廓，渲染出虚幻的氛围，从而引人入胜。

01 线型标题设计

将标题文字舍弃基本模样后简化设计成线型形状，这样的做法使文字线条简练，别具创意。

02 变换色彩以制造深度

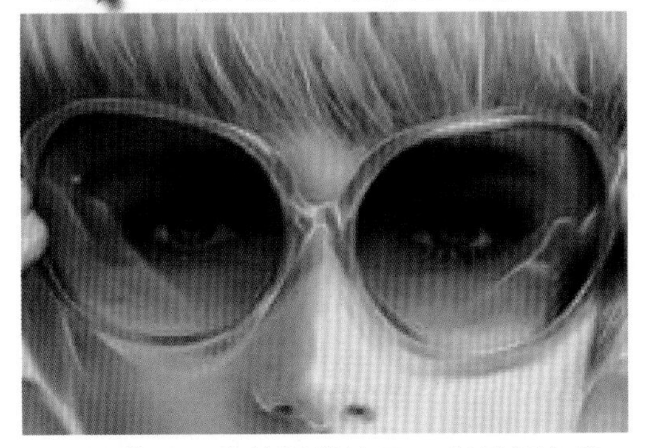

为了增强图片的视觉效果，利用颜色的变换来制造出深度，此做法还利于聚焦视线，吸引读者解读图片之外的深刻含义，增强版式的艺术价值。

03 弱化边缘以制造朦胧感

将图片的边缘轮廓淡化，降低其可视性，给人渐行渐远可能消失的感受，借此来表现图片不可触及的朦胧感。

04 增添边线轮廓以渲染虚幻氛围

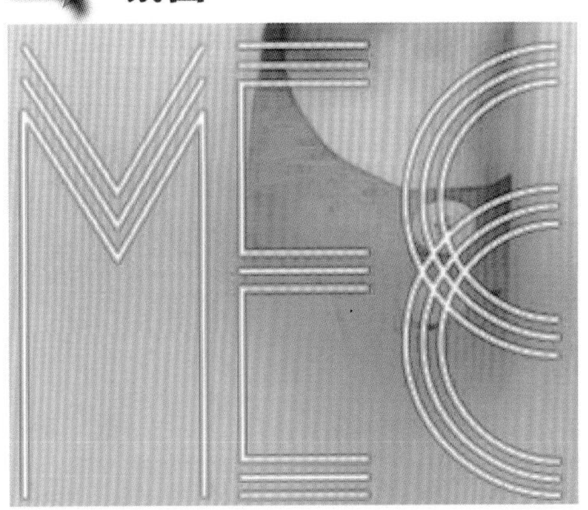

为了营造虚幻的氛围，增强图片的神秘性，通过修饰各元素的轮廓来降低色彩差异，排除突兀性，呈现柔和的过渡状态。

Example

08

高位置图编排以增加运动感

在版面中，将单张图片放置于中上位置，集中表现了其运动感；再利用如斜线般排列的标题，增强了版面的律动感。

01 斜线排列标题

将标题如斜线般地排列配置，并对其中个别单词使用绿色，既强调了设计形式，又突出了主要内容。

02 高位置图以增加运动感

在整个版面中上位置设计斜向放置的图片，由于居上的位置有向下坠的趋势，加上倾斜的力度，大大增加了画面的运动感。

03 改变字形传达意象

It was too gruesome to watch. Mary and Sally didn't. Frozen at their desks, arms locked, with ashen faces, they were devastated at the proposed experiment. The other students had mixed emotions. Some even callously giggled as our biology teacher decapitated the frog. Some screamed as the headless frog suddenly jumped into the throng of teenagers.
I didn't realize what it was that made the frog flee from the source of danger. Well, first consider this discovery from cell biology about cultured cells in a petri dish. They will move away from any danger, such as a drop of toxin. They will also move toward any nurturing substance placed in the dish. All single-celled organisms must protect themselves. Likewise, they must also grow in order to live. The problem is, they can't do both at the same time.
What allows for the movement of these single-celled organisms? It is their proteins' electromagnetic charges that are responsible for their behavior. The same is true for plants and people. Cluster cells together and you get multicellular organisms with genes: plant genes, insect genes, worm genes, human genes, etc. Science has discovered

将段首开头单词的首字母改变字体，并加色处理，意象性的文字展现出个性的设计理念，也起到了提示开始的作用。

04 利用线框排版

在整个版面中分布线框框架来配置排版，既清楚划分了图文功能区，又达到了整合版式所有信息的作用。

Example

09

将图片采用简洁的图表框方式编排

本例以暖色调色块分布配置来装饰版式，给人清新的印象。在版面中，采用简洁的图表框编排内容，使内容清晰呈现，便于阅读；并将单图以不同视角进行配置，使图片形式统一又富有变化。

Our little party of travelers awakened the next morning refreshed and full of hope, and Dorothy breakfasted like a princess off peaches and plums from the trees beside the river. Behind them was the dark forest they had passed safely through, although they had suffered many discouragements; but before them was a lovely, sunny country that seemed to beckon them on to the Emerald City.
To be sure, the broad river now cut them off from this beautiful land. But the raft was nearly done, and after the Tin Woodman had cut a few more logs and fastened them together with wooden pins, they were ready to start. Dorothy sat down in the middle of the raft and held Toto in her arms. When the Cowardly Lion stepped upon the raft it tipped badly, for he was big and heavy; but the Scarecrow and the Tin Woodman stood upon the other end to steady it, and they had long poles in their hands to push the raft through the water.

They got along quite well at first, but when they reached the middle of the river the swift current swept the raft downstream, farther and farther away from the road of yellow brick. And the water grew so deep that the long poles would not touch the bottom.

"This is bad," said the Tin Woodman, "for if we cannot get to the land we shall be carried into the country of the Wicked Witch of the West, and she will enchant us and make us her slaves."

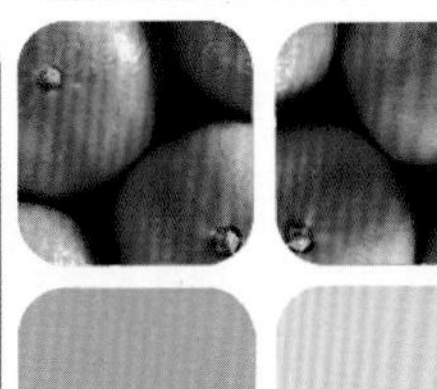

"Good-bye!" he called after them, and they were very sorry to leave him. Indeed, the Tin Woodman began to cry, but fortunately remembered that he might rust, and so dried his tears on Dorothy's apron.

Of course this was a bad thing for the Scarecrow.

"I am now worse off than when I first met Dorothy," he thought to himself.

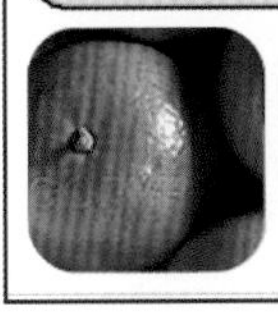

01 利用暖色块装饰版式

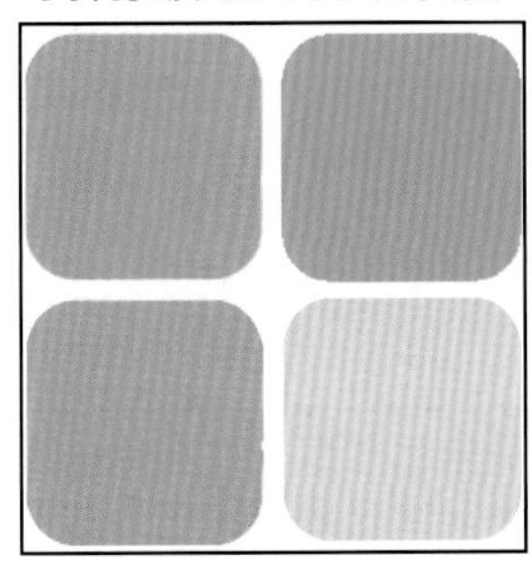

根据主题，利用暖色调的纯色色块排列分布来装饰页面，这样的排版给人温暖的感觉，产生清新的印象。

02 不同角度配置图片变化版式

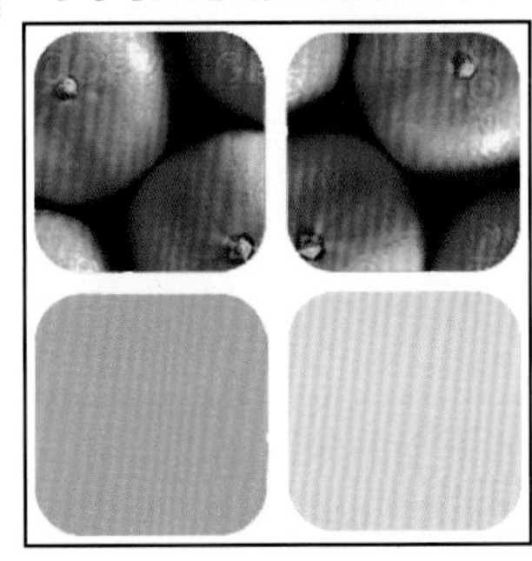

将一张单图以不同角度进行配置，给人好像多图的错觉，以次来制造出变化，这些形式统一、变化多样的图片增强了版面魅力。

03 采用简洁的图表框编排

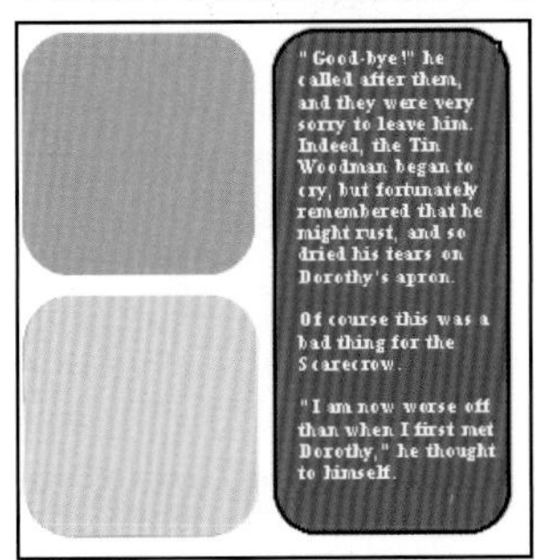

在版式中采用简洁的图表框编排主要内容，简单、明快的呈现形式给人一种轻松的感觉，而且方便阅读，增强了吸引力。

04 扩大字体以增强透气感

raft and held Toto in her arms. When the Cowardly Lion stepped upon the raft it tipped badly, for he was big and heavy; but the Scarecrow and the Tin Woodman stood upon the other end to steady it, and they had long poles in their hands to push the raft through the water.

They got along quite well at first, but when they reached the middle of the river the swift current swept the raft downstream, farther and farther away from the road of yellow brick. And the water grew so deep that the long poles would not touch the bottom.

"This is bad," said the Tin Woodman, "for if we cannot get to the land we shall be carried into the country of the Wicked Witch of the West, and she will enchant us and make us her slaves."

为了使读者轻松地接受信息，刻意扩大字体，增加段间距来分隔段落，增强版面透气感，降低阅读的视觉疲劳感。

Example

10

表现特殊个性的绘画图像效果

本例结合素描和水彩效果充分表现了特殊、个性化的绘画图像版式，并设置红色矩形色块使图片产生向后推移的感觉，从而变化平面格局。

01 素描效果

图片以纯素描的表现形式为主，用浅淡的调子塑造出主体形象，以细腻的画风呈现出真实、有韵味的时尚人物。

02 水彩效果

为了强调绘画主题，在图片的局部加上水彩效果，结合素描和水彩这两种绘画方式，表现了设计者特殊的创作思想，彰显了个性。

03 利用单色字体强化视觉效果

ABCDEFGHIJKLMN
OPQRSTUVWXYZ
1234567890

Blanket Font for this issue: 'Ugly Stick' by Dave from www.cuttscreative.com.au

Do you have a font you have made and would like it considered for the next Blanket issue? Send your True Type version to: editor@blanketmagazine.com

在版面中对文字内容做了局部细微的加工处理以加强人们对它的印象，既确保了可读性又彰显了与众不同。

04 配置矩形表现前后关系

在图片前方加入红色矩形，与素描效果的图片相比，矩形自动向前，主题图片向后推移，制造出明确的前后关系，改变了版面的平面格局。

我的版式设计心得

My Experience Of Layout Design

I think layout design is...

如何将众多的图片合理摆放

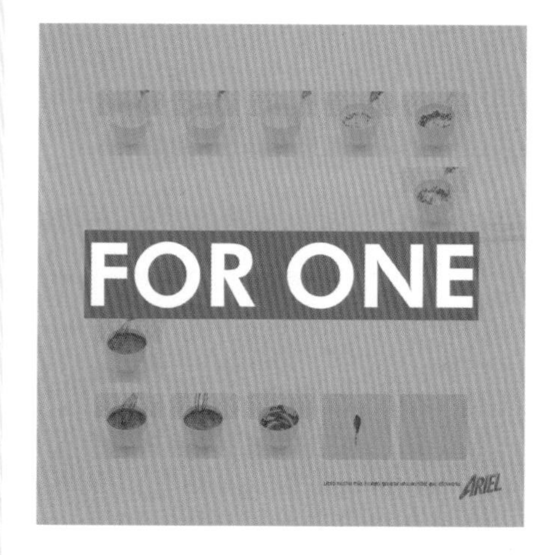

在版式设计中，在有限的空间中尽可能多地摆放图片以展示内容的丰富性，对于文本内容相对较少的版面有着至关重要的作用。如何将多张图片在版面中合理地摆放，将是本单元需要解决的问题。

01 单页配置出血裁剪图片

02 将图片当成背景来充满页面

03 利用留白来突出影像

04 将图片作为文字的边框

05 把图片打造成漫画的风格

06 在图片中嵌入装饰物

07 通过分栏的形式整齐排列图片

08 通过错落的编排形式增强版面的丰富性

09 通过调整图片大小来区分内容的主次

10 在对页中分别配置不同的要素

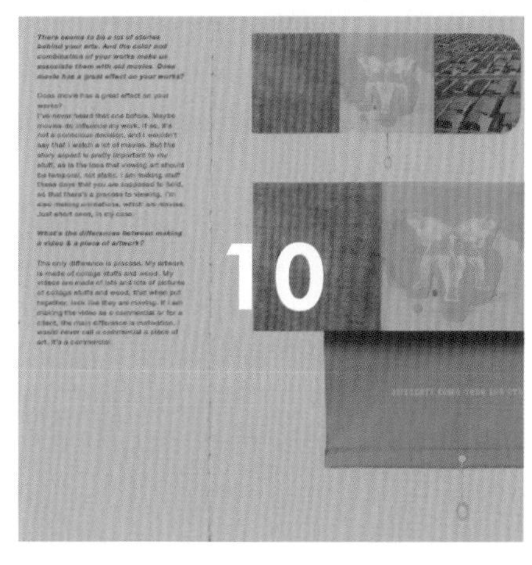

FOR ONE
将众多图片按照一定的逻辑进行整齐排列

大量的图片使用能够有效地丰富版面内容，当然，若是不能合理地规整这些图片，则会造成版面的杂乱、拥挤之感。当图片数量过多时，可将图片设置为统一大小，并按照一定的规律进行序列排放，这样一来既保证了图片的丰富性，又能使画面整齐有序。如下图所列举的广告作品中，将有着密切联系的图片以相同大小进行有序排列，使广告内容清楚、明确。

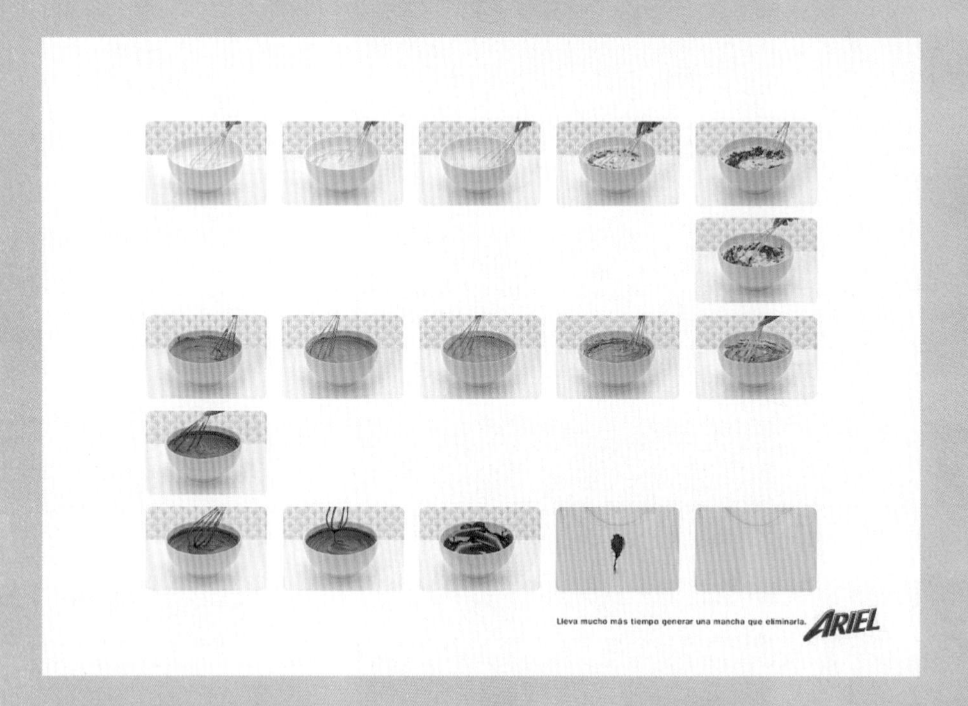

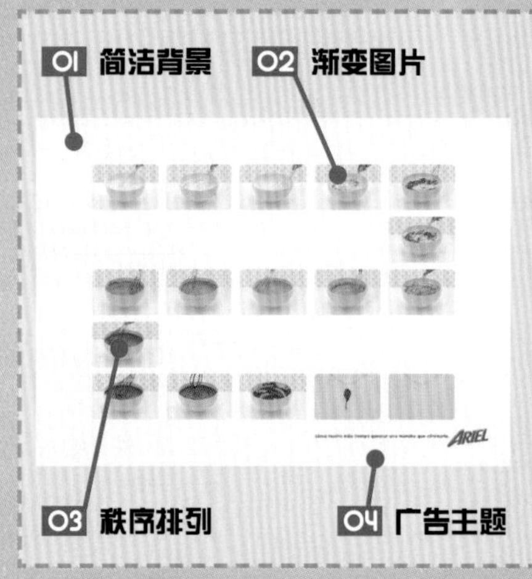

01 简洁背景

将背景铺设为低明度的灰色调，简明、大气，给人一种朴素、富有亲和力的感觉。

02 渐变图片

该幅广告为洗衣粉广告，广告将巧克力的制作过程、弄脏衣服以及洗衣粉洗涤后的效果都一一呈现出来，循序渐进的表现形式将洗衣粉的功效形象地传递而出。

03 秩序排列

将渐变图片裁剪为相同大小后，以规整的形式进行有序排放，画面简单却富有说服力。

04 广告主题

在画面右下方位置处，利用少量的文字和鲜红的品牌标志点明广告中心，使受众更易理解广告主旨。

除了有序地编排多幅图片外，利用特殊手法对图片进行组合排列，也是促成画面效果美观的有效方式。在下面精选出的10种案例中，便从多方面讲述了众多图片的摆放方式。

Example

01

单页配置出血裁剪图片

本例在单页上配置出血图片，大胆地对图片进行放大，直视的冲击力有效缩进了媒体与受众之间的距离，拉近了观者的视线。而其他的图片相应地缩小，并通过组合的形式进行摆放，将不同的单品清晰地呈现在观者眼前。

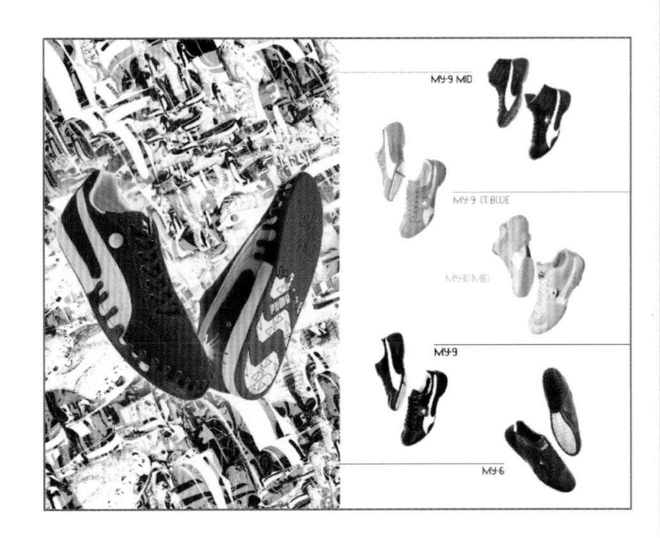

01 放大主要图片以吸引眼球

将一整张图片放大，并将之配置在左页，做出血裁切处理，尽可能地吸引观者的眼球。

02 展示辅助的图片

不同于左页图片的出血裁切处理，右侧对产品的介绍仅通过保留图像轮廓的方式，将系列产品的信息进行罗列摆放。

03 选择与产品风格相近的字体

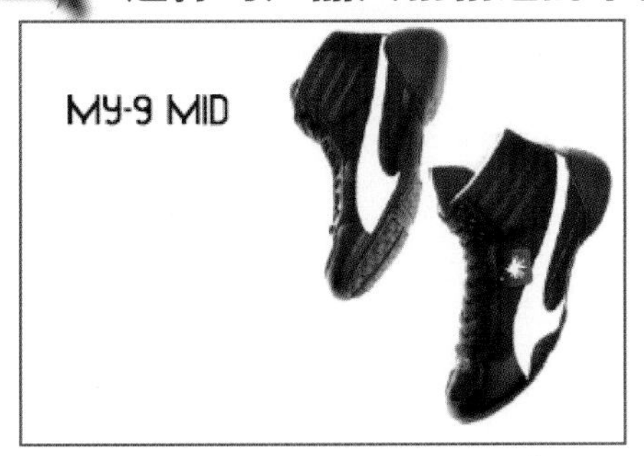

在介绍不同的产品名称时，选择较为硬朗、清晰的字体，能够突出表现产品的品味。

04 选择同色的辅助引线

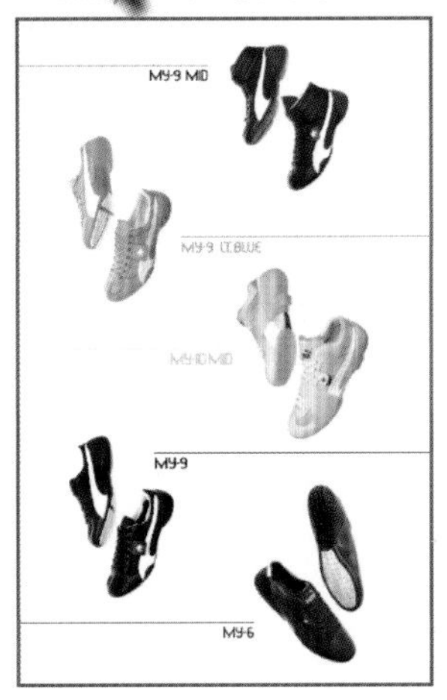

对于错落的产品介绍，选择与产品颜色相同的线条作为引线，使读者可以一目了然地了解产品名称所指代的对象，同时色彩丰富的线条在画面中不仅起到了协调作用，更增强了画面的统一性。

Example

02

将图片当成背景来充满页面

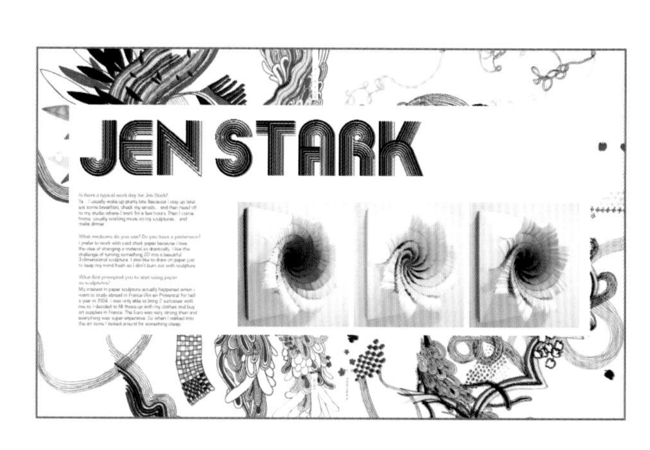

本例用视觉效果强烈的图片作为背景图像出血配置，再在背景图像上通过纯色底纹突显主题文字，并在底纹醒目的位置上将同等大小的图片横向组合，引导视线水平移动。

01 将图片充当背景

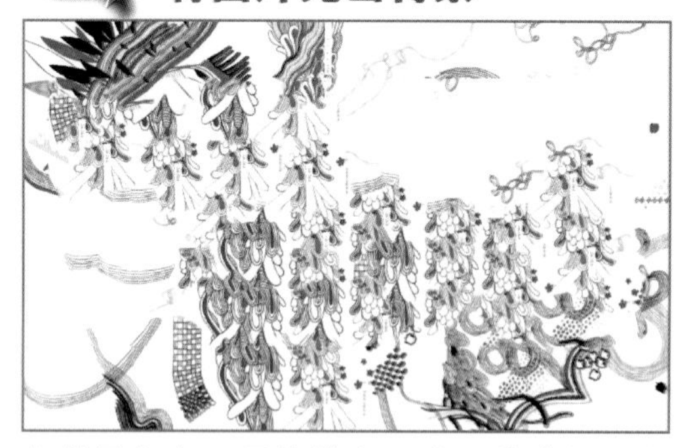

在背景上大面积地铺上图片，并进行出血配置，画面以线性的图案为主，色彩丰富、页面充实，形成欢快的氛围基调。

02 划出纯色的主题区域

为了重点突显主题内容，在背景上的中心位置直接叠加白色区域，充足的留白使读者视线集中在版面的中心位置。

03 横向排列图片

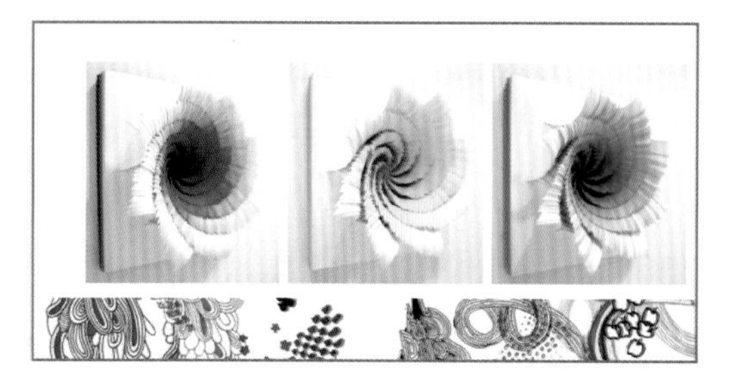

为了加强平面的动感效果，选用相同形状的图片，按相等的大小、间距依次放置，制造出动向效果，引导视线的水平移动。

04 主题文字的艺术性

JEN STARK

Is there a typical work day for Jen Stark?
Ya…I usually wake up pretty late (because I stay up late), eat some breakfast, check my emails… and then head off to my studio where I work for a few hours. Then I come home, usually working more on my sculptures… and make dinner.

What mediums do you use? Do you have a preference?
I prefer to work with card stock paper because I love the idea of changing a material so drastically. I like the challenge of turning something 2D into a beautiful 3-dimensional sculpture. I also like to draw on paper just to keep my mind fresh so I don't burn out with sculpture.

What first prompted you to start using paper as sculptures?
My interest in paper sculpture actually happened when I went to study abroad in France (Aix en Provence) for half a year in 2004. I was only able to bring 2 suitcases with me so I decided to fill those up with my clothes and buy art supplies in France. The Euro was very strong then and everything was super expensive. So when I walked into the art store I looked around for something cheap.

以渐变的黑色线型构成主题文字的字型，显得立体且深邃，具有艺术性；正文中以有色文字标注小节标题，增加了阅读的韵律感。

Example

03

通过留白来突出影像

本例在跨页的版面中将图片进行整齐的摆放，有效地使观者的视线自由地落在版面的中心位置，紧密的衔接使多张图片整齐划一，充分体现了图片的统一性。

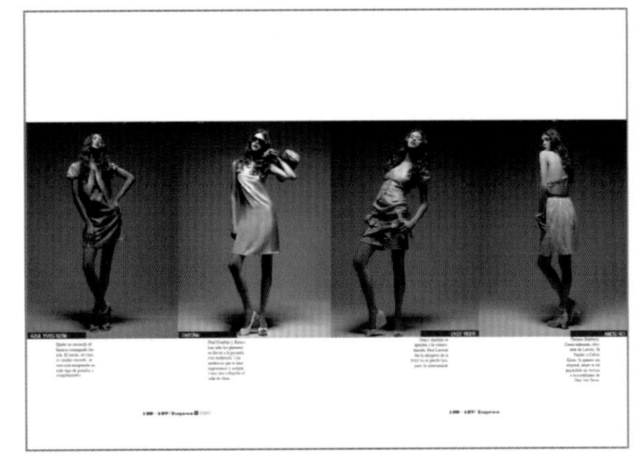

01 图片之间的无缝衔接

图片之间无缝衔接，充分体现了画面的统一性，在选择图片时，裁剪的形式也非常固定，使其画面中人物的高度和背景图像基本一致。

02 将图片铺设在页面的中心位置

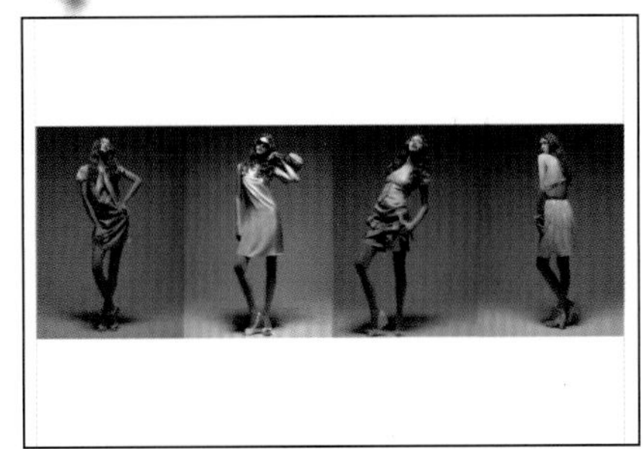

将图片铺设在版面的中心位置，使版面中的上下部分有相等的留白区域，将观者的视线集中收拢，减轻页面的压迫感。

03 带有底纹的标题文字

为了更为有效地突出图片效果，适当地缩小了标题文字的大小；但是为了使文字得以清晰显示，选用了黑底白字的方式来呈现。

04 文字的排列方式

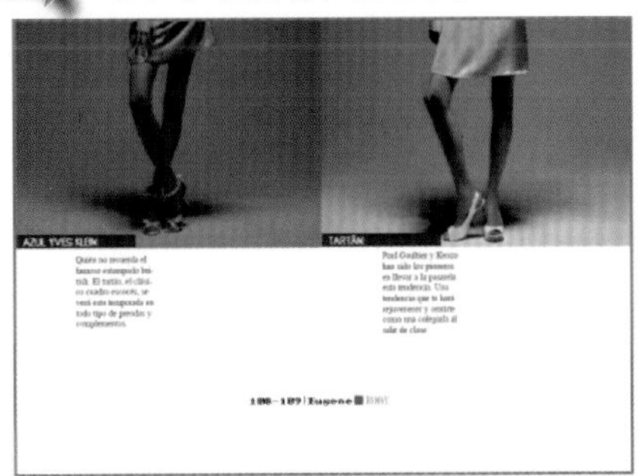

对于每幅图片的正文说明，分别在左右页面设置左对齐和右对齐的方式进行放置，体现了版面的简洁感与统一性；对于页码及说明文字，则采用了对整个页面进行水平居中的方式进行放置，使页面内容划为一体。

Example

04

将图片作为文字的边框

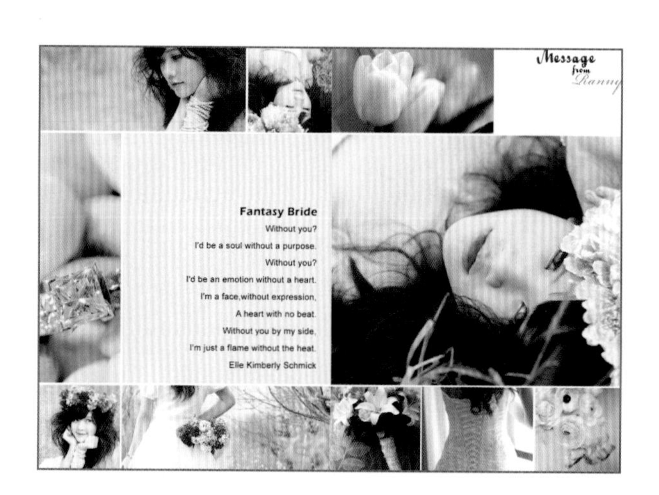

本例选择一系列的图片放置在版面的周围，在中心位置保留出一块区域用于文字的放置，用图片收紧观者的视线，再集中通过辅助线对整个版面进行合理的分割，按照参考线所划分的比例对图片进行蒙版处理。

01 用图片作为文本的边框

版面中心的文字用图片作为边框，在放置图片的过程中，在与文本框的交界处适当地留出空隙，避免了版面的局促感。

02 以个性化文字呈现标题

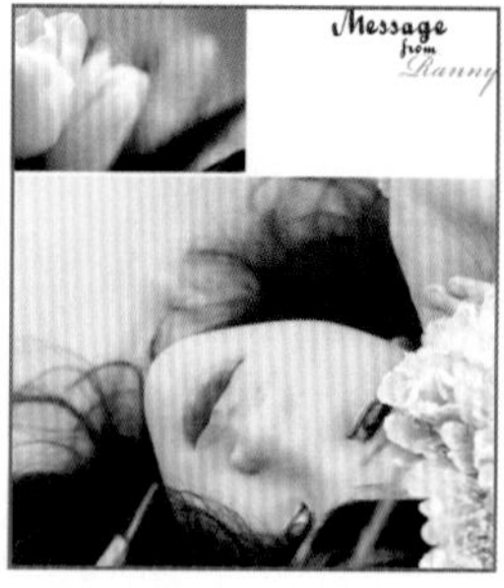

整体的版式以块状的形式出现，线条硬朗，设计者在标题文字的选择方面选用了比较随意的手写体，能够缓和画面的硬朗感，并体现出随意、清新且自由的画面效果。

03 文本的底色选择与整体统一的色彩

根据选用图片的整体色调，为了统一风格，在正文的底部创建了一个粉红色的底纹，并选择黑色的字体，与背景的色彩相呼应，使画面协调而统一。

04 放置图片注意内侧的装订位置

对于放置在装订位置的图片，由于装订位置大多数是图中虚线位置，所以在对图片进行裁剪的过程中，需要考虑图像呈现（实线）的位置。

Example

05

把图片打造成漫画的风格

本例在版面中利用整齐的分格漫画的形式放置图片，使版面规矩而统一；再在外形像英文字母的对话框中放置文字，使版面充满了新意，避免了图片整齐划一摆放的呆板；而图形文字与图片的错落放置，使版面疏密有致，颇有创意。

背景边框

本例背景图片加上黑色边框，使页面显得更精致，更具视觉冲击力。

02

似分格漫画般的版式配置

将图片配置成如漫画分格样式的版式，使版面显得既正式又利于阅读。将多张图片井然有序地放在一起，使版面极具故事性，富有浓厚趣味性。

艺术性的标题处理

在版式的最顶端，标题使用渐变推移的色彩，配合灰色的底字母，极具深度，加强了空间感。

04

在如N字母的图案中呈现文字内容

文字内容在如N字母似的对话框中呈现，形式特别、富有创意；从上而下，指引了阅读的先后顺序，故事感强。

Example

06

在图片中嵌入装饰物

为了更形象地呈现主题，本例将图片嵌入到另一种图形中，使黑色的背景鲜明地凸显出主要内容，再加上部分趣味小图形，为版面整体提味。

01 裁切图片使之不完整呈现

将图片进行裁切，以不完整的形式表现主题，打破常规，留给读者充分的想象和思考空间，使设计别具一格。

02 图片内容采用不同的元素

将以文字元素表现的图片和其他图片排列配置，使其造型独特，并产生不同的视觉感受，使版式更加优质、丰富。

03 将图片嵌入另一种图形中

将一些图片嵌入到木纹材质的图片并居中设置，色调温暖的图片效果营造出浓郁的生活氛围，给人亲切、舒心之感。

04 黑色背景

背景采用纯黑色，使内容向前推进，吸引观者视线；而且深色的基调给人高级感。

Example

07

通过分栏的形式整齐排列图片

本例在局部使用了纵向对齐排列图片的方式配置，主要内容采用标准字体，也是从上而下的形式，字里行间引导着阅读顺序，版面显得整齐而规整。

纵向分布图片

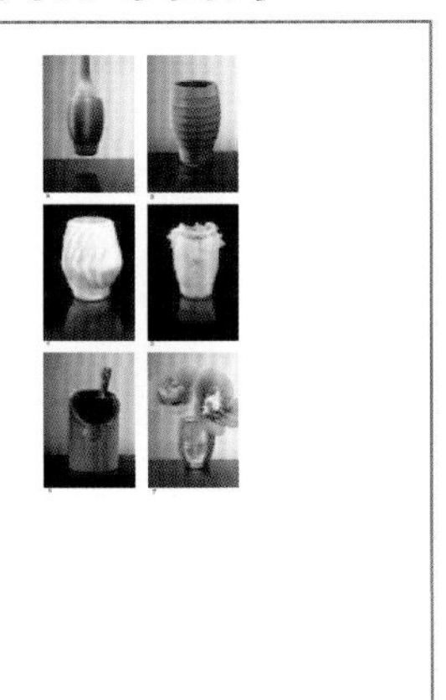

在版式设计中，将部分图片采用纵向对齐的方式配置，给人以端庄的印象，且形式美观。

改变图片大小使形式发生变化

在版面中改变一些图片的大小，不完全对齐其他图片，使整个版式发生细微变化，形成丰富多样的版面效果。

组合不同图片以丰富版式

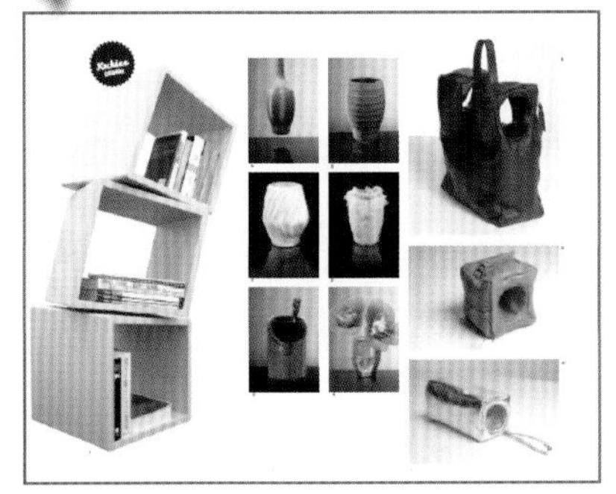

将具有不平衡状态的单图与对齐排列的众多图片合理并置，使整体显得既平稳又灵动。

04

改变字体大小

BOMBA AMOR. A Bombaamor aposta em mobiliário moderno e divertido. A funcionalidade e versatilidade são as principais preocupações da marca, procurando criar objectos que possam interagir com o lugar em que estão inseridos. A aposta em módulos que se adaptam ao espaço e às necessidades do utilizador, são peças-chave da Bombaamor – desde as prateleiras até aos suportes para cds, passando por cubos que se colocam uns sobre os outros e nos quais se podem guardar livros. Para além destes complementos, pode também encontrar, camas, espreguiçadeiras, mesas, etc.

Todas as peças da Bombaamor são geométricas e ergonómicas, apresentando uma filosofia de design moderno e eficiente. As formas são simples e o ênfase é dado pelas cores fortes, contrastando com apontamentos de preto e branco.

Para consultar o catálogo da loja vá até www.bombaamor.com – FP

LIGABEM. O projecto "LigaBem" foi apresentado ao público na última edição da ModaLisboa. É uma iniciativa conjunta da Blindesign e outros parceiros, nomeadamente a Atlantis Crystal e mais 27 designers portugueses. Ana Salazar, aforest_design, Aleksandar Protich, Alexandra Moura, Anabela Baldaque, Dino Alves, Filipe Faísca, Katty Xiomara, Lara Torres, Lena Aires, Luís Buchinho, Miguel Vieira, Nuno Gama, Osvaldo Martins, Pedro Mourão, Ricardo Dourado e Ricardo Preto, são os nomes que aceitaram o desafio de "vestir" um dos modelos de jarras da Atlantis. Um gesto habitual para quem faz dos "trapos" um modo de vida mas que, aqui, ganha uma dimensão mais significativa, uma vez que as receitas das vendas destes objectos exclusivos reverterão para a Liga Portuguesa contra o Cancro. Para saber como comprar e contribuir, vá até www.blindesign.org – FP

INVENTO. É uma nova linha de malas, lançada dia 7 de Dezembro, pela Kolovrat Concept Store. Para o evento, convida escritores, artistas e revistas a explorar o tema "Jeanne d'Arc", símbolo da mulher contemporânea, numa ambiência silk and steel. O contraste entre sensualidade e disciplina, força e elegância representam, no feminino, formas de atracção antagónicas. A mala é um acessório que, em função do corpo, tem um propósito, tornando-se a sua extensão. A pele é o material escolhido por se relacionar com os extremos. Surge aqui como um exoskeleton – a camada exterior suporta o corpo interior. O interior exterioriza o objecto, multiplicando a sua função. Ao explorar a geometria através dos opostos, o quadrado e o círculo, obtemos a redundância da forma, voltando ao princípio orgânico do corpo e à personalidade antagónica da mulher que se pretende atingir. O objecto de design serve e continua a vida do próprio corpo que habita. – CB

利用空白格段制造出文字部分的纵向感，但是在局部安排上改变了一组字体的大小，变化了其呈现比例，使版面显得既紧凑、和谐又有所不同。

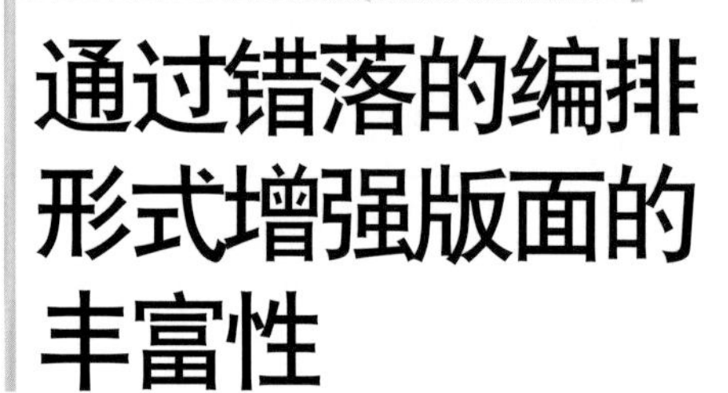

Example 08

通过错落的编排形式增强版面的丰富性

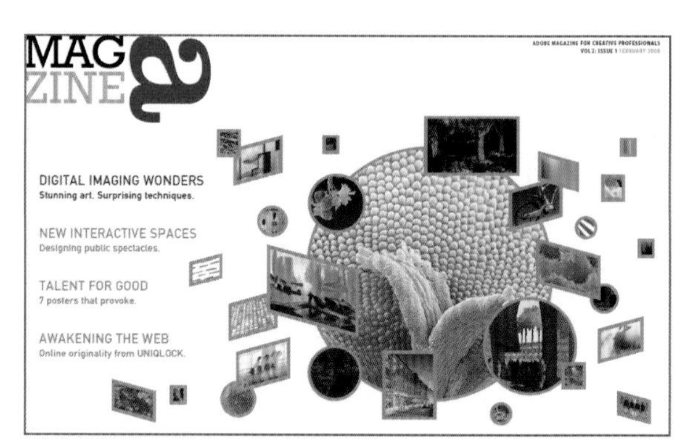

本例在背景上将裁切后的图片错落有致地进行配置，不规则的余白改变了版式呈现形式，使版面具有强烈的空间立体感。整齐的文字与图片形成鲜明的对比，使版面既丰富多彩，又井然有序。

01 错落有致图片

为了突出三维效果的空间感，将内容不同的图片进行看似散乱的放置，传达出自由、随性的感觉，并充满动感。

02 改变图片外形进行配置

改变图片轮廓并设置统一的边框色彩，在页面中以或分离或重叠的配置形式，疏密有致地进行摆放，给人一种节奏感。

03 用留白使形式发生变化

在版面中留出不规则的留白，使图片摆放效果显得随意、参差不齐。此形式虽然让人感觉不规整，但恰恰是设计者刻意塑造的不安定感。

04 用色彩突出标题

标题使用了夺目的红色，显得热情、激昂，其中字母a特意设置呈水平方向放置，呈现出不同的形式美感；其他字母深浅上色，工整配置，令人舒心。

Example

09

通过调整图片大小来区分内容的主次

在版式页面中，以大量小图构成背景，使版面极具气势，纷繁有致；再在中心放置一张剪影大图，与背景相区别，使版面主次分明；为了清晰地显示文字，以黑底白字的形式表现，另外利用小物件做出纵向指示。

01 以大量并置的小图作为背景

将大小相等、内容不同的小图片进行整齐的摆放，构成背景，使页面复杂多样、热闹缤纷，这样的做法使版面极具气势，给人深刻印象。

02 调节图片大小以区分主次

在页面中心放置一张剪影大图，以突出中心，分清主次。再在图片的轮廓上加上一条白线，使之与背景区分开来，从而更加凸显主题。

03 黑底白字的主要内容

为了清晰呈现主要内容，选择在黑色底上配置文字，并将文字放在整个版式的最显眼位置，使主要内容简单、明确，让人感觉舒服。

04 利用图片做出纵向指示

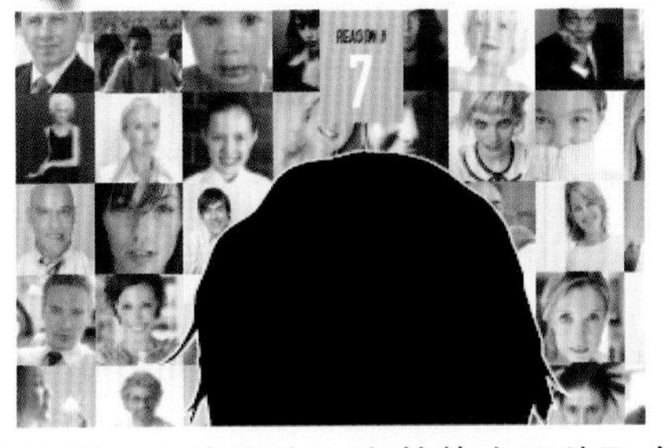

为了配合主体图片，在其他小图片聚合位置设置了小物件，使其起到纵向轴线的作用，从而更能清爽地突出内容。

Example
10

在对页中分别配置不同的要素

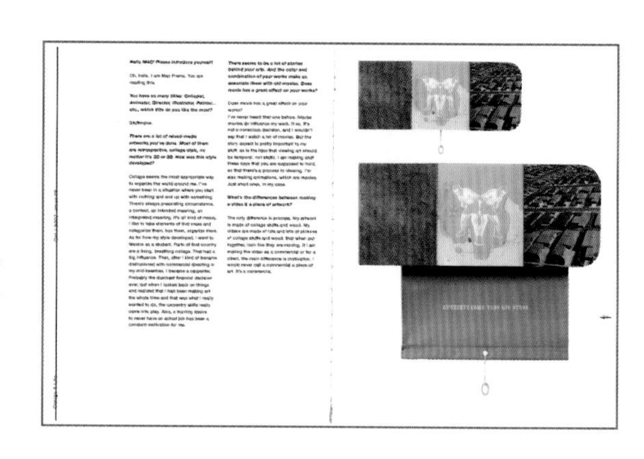

本例把图片与文字内容明确地分开配置在页面左、右两侧，图片按零间距工整地排列在右侧，使页面显得整洁，让人感觉很舒服；而文字在白底上直接呈现于左侧，显得简明、扼要。

01 左右页面分配不同要素

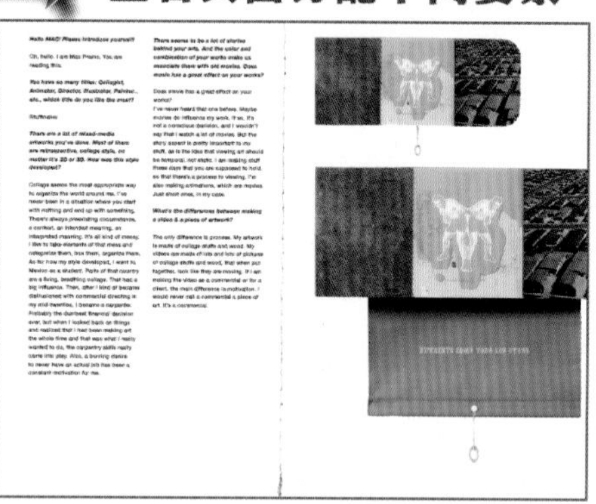

为了达到不同常规的视觉感与阅读感，本例将图片和文字各自放在单页中，让人一看就能轻松了解讯息。

02 利用留白做出精致感

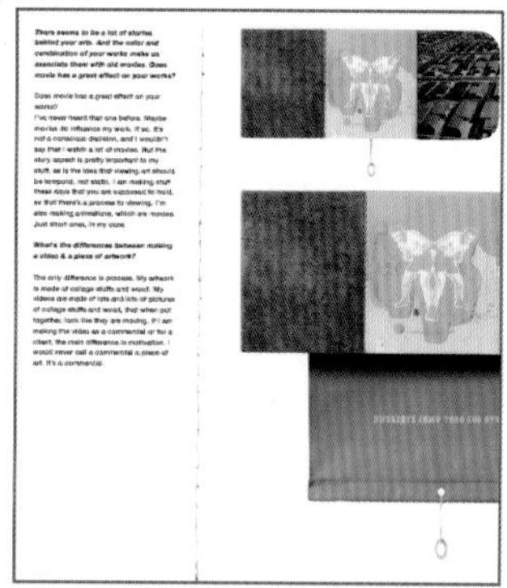

除了文字和图片外，页面其他地方做成了大面积留白的版式设计，使页面充满空间感，但格外明净，为版面建立了一种优雅的印象。

03 合理配置图片使页面工整

将色彩面积不同的图片直接无间隙地配置在一起，加上白色的背景，使页面显得工整、简明。

04 文字强弱对比

在版面中将主要文字分段，或多或少地纵向排列，使其重点突出，并给人简明洁、快之感。

我的版式设计心得

My Experience Of Layout Design

I think layout design is...

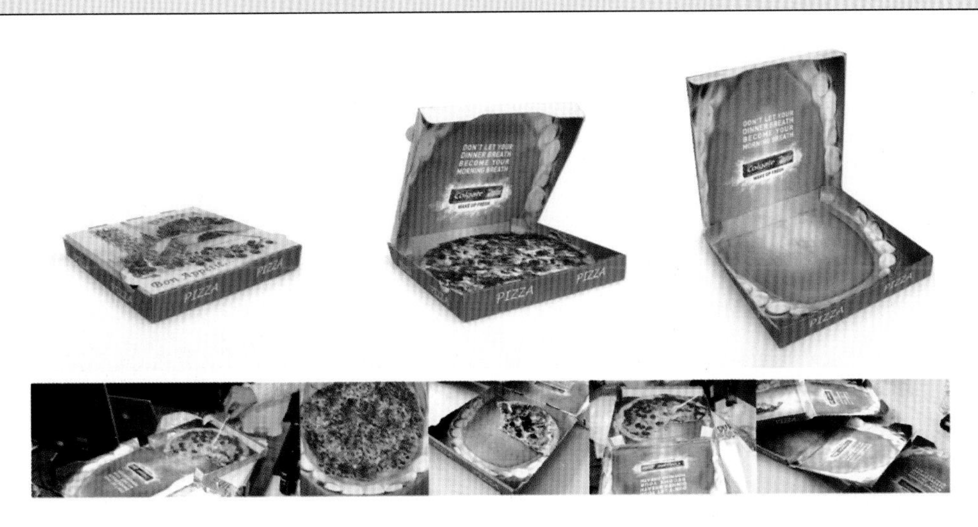

To promote the new Colgate Max Night variant local pizzerias were supplied with special Colgate-branded boxes for their dinner deliveries. The inside of the box was designed to look like the inside of a mouth. Messaging reminded the consumer of the new variant's benefit:

Don't let your dinner breath become your morning breath

COLGATE MAX NIGHT WAKE UP FRESH.

如何运用单色打造特殊的版式效果

EXAMPLE INDEX

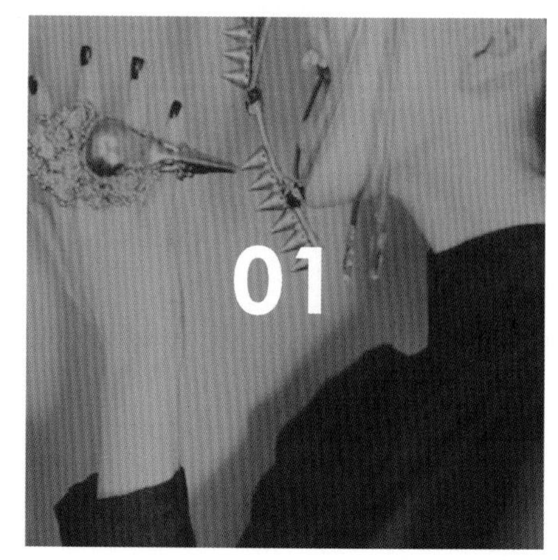

纯色色彩带给人们不同的想象，具有不同的情感倾向。在版式设计中使用纯色修饰版式，可统一基调，给人直观的印象，塑造出不同魅力的版式效果。

01 以颜色的浓淡打造版面的空间感

02 使用单色文字吸引视线

03 巧用明暗来突出品质感

04 以白色的边框强化印象

05 用颜色来强调个性

06 降低颜色对比度以呈现柔和的感觉

07 运用色彩的渐变来表现版面的层次感

08 使用强烈的色彩来增强版面饱满感

09 活用黑色字体增强版面的动感

10 使用不同的图形突出纯色的表现力

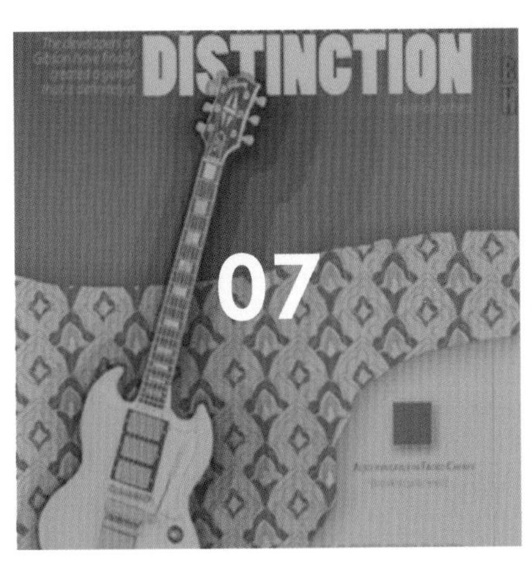

FOR ONE

利用单一强调色增强页面表现意境

在以黑白写真为表现主题的页面设计中，为了保证在不破坏黑白图片表现韵味的同时，使画面更具表现力，可选用较小面积的单一色调对画面进行装饰、强调，这样一来，既能削弱单一黑白色调给人的沉寂感，又能增强画面的艺术性。如下图所示的杂志内页设计中，画面以满版的黑白写真做铺设，左上角小面积的红色色调则起到了很好的突出作用。

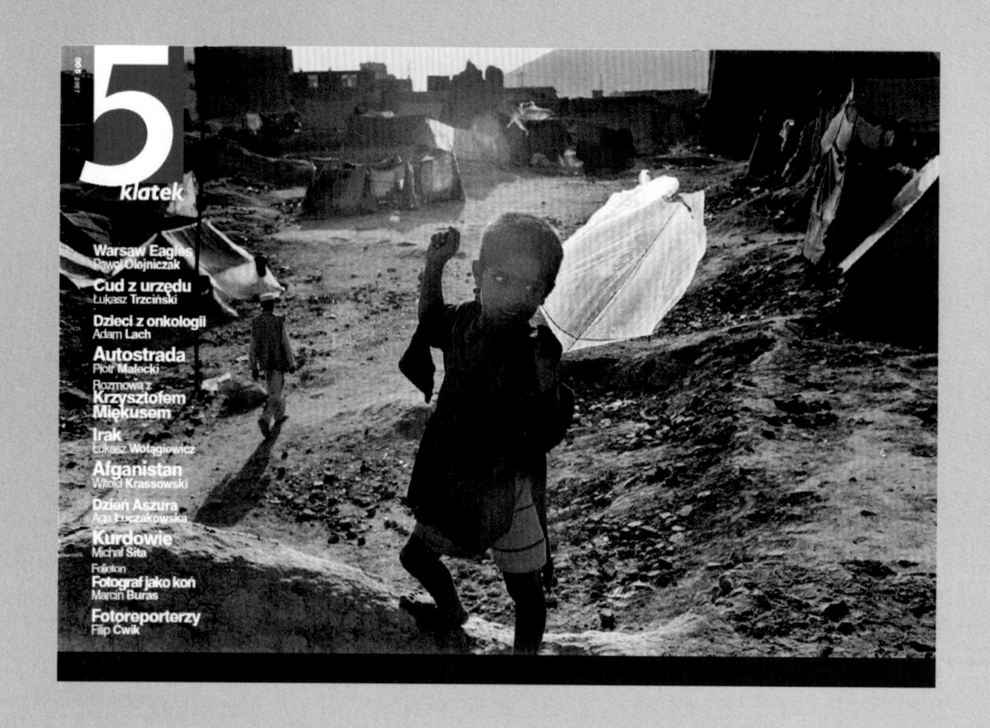

01 醒目的单一色调

选用高纯度的红色做亮色，将白色的出血阿拉伯数字衬托而出。单一红色的加入使原本黯沉的画面增色不少，起到了画龙点睛之妙用。

02 黑白写真

设计者将拍摄的图片刻意处理为黑白效果，真实地还原了画面情景，表现出富有内涵的画面本质。

03 文字说明

在画面左侧，选用白色文字对页面内容进行补充说明，文段的栏宽与色块宽度保持一致，体现出高度的统一性。

04 黑色底边

在画面下方位置，添加了一条细长的黑色底边，在起到装饰作用的同时，也使画面更加稳重、得体。

单一色调在设计中常常起到积极的推动作用，只要使用得当，可在很大程度上增强画面的艺术张力。如下面精选出的10个优秀作品，就从多方面展示了单一色调在设计中的不同运用。

Example

01

以颜色的浓淡打造版面的空间感

本例图片以浓淡颜色配置为主，充分塑造出视觉空间感。左页黑色背景中利用曲线图形、水波效果字体以及象形符号来共同表达主题，以简盖全。

01 利用颜色浓淡塑造空间感

为了突出页面强烈的空间感，通过调节图片的色彩浓淡来进行配置，通过颜色间的对比变化，充分表现主题。

利用曲线图形表意

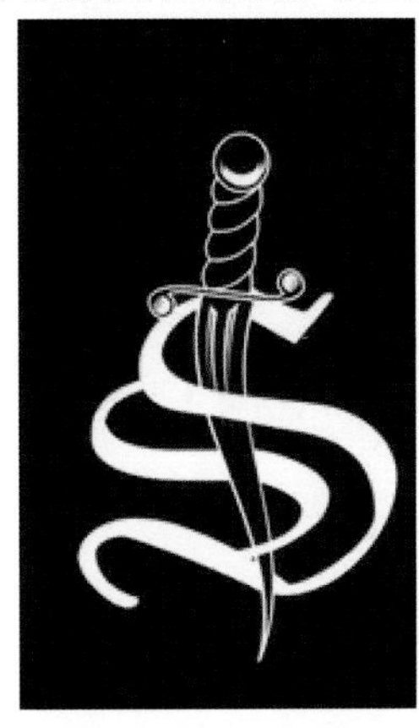

在整个左侧页面中，使用如S曲线般柔美的线条图案来传达温和感，与右侧图像所表现的刚劲形成对比，使版面张弛合一。

水波效果字体

为了利用文字强化主题，选用了水波效果的字体进行配置，改变了字体原本的生硬感，增强了其灵动美，表现出不可忽视的重量感。

利用象形符号打破空洞感

由于左页面大面积是黑色，而且信息量较少，为了弥补无形中产生的空洞感，特别在左下角设计了一个象形符号，构成版式间接的传情达意。

Example

02

使用单色文字吸引视线

在版面中，只对文字配置了紫色，颜色亮丽耀眼的紫色利于吸引视线。将紫色标题沿着人物具有动感的腿部进行配置，增强动态的力度感；再结合白色背景与图片留白的部分，充分渲染了版面的想象空间。

01 素描表现虚实关系

采用素描图片，以强烈的黑、白、灰色彩突出虚实关系，使其很自然地融合于背景中。

单色文字吸引视线

在整个版面中只对文字配置了紫色，颜色亮丽、耀眼，与其他信息相比，文字显得相当醒目，利于吸引视线。

沿动态配置标题增强力度感

为了突出图片的激烈动态，将紫色标题沿着具有动感的腿部进行配置，大大增强了人物动态的力度感。

利用白色背景渲染想象空间

整个版面采用白色作为背景，与图片留白的部分完全融合，渲染出无限想象的空间。

Example

03

巧用明暗来突出品质感

本例整个版面以高贵黑色为主进行配置，利用各个要素间的明暗关系来表现高级感。并在底层铺上不完整呈现的文字底纹信息，使页面信息含量增加，可读性增强。

01 用明暗突出品质感

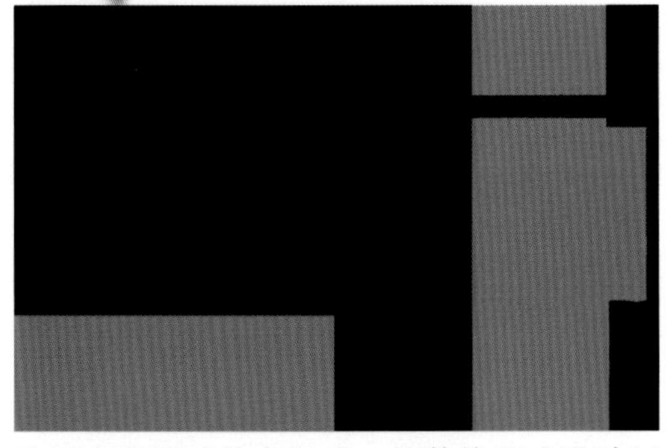

为了突出版式的高级感，将整体版式设计以高贵的黑色为主调，通过适当调节明暗来表现层次关系，突出质感。

02 利用双引号来美化版式

“
atcas of the most people
to have leamed the art
of mabing mcal type by
lcovers with greaier
mtimncy
”

在文字的重点内容上、下方加入逗号，既起到区分其他要素的作用，也使页面显得别致。

03 倒置字体

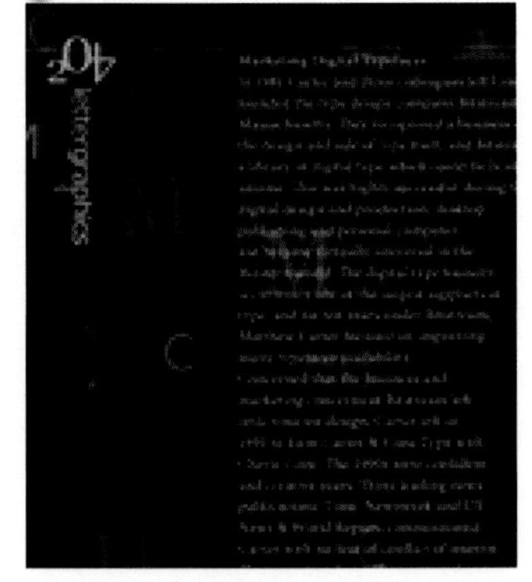

为了在严肃、沉稳的版面氛围中寻找些许律动感，将文字倒置，呈现一种下坠的状态，增强版面活跃气氛。

04 不完整呈现的文字底纹效果

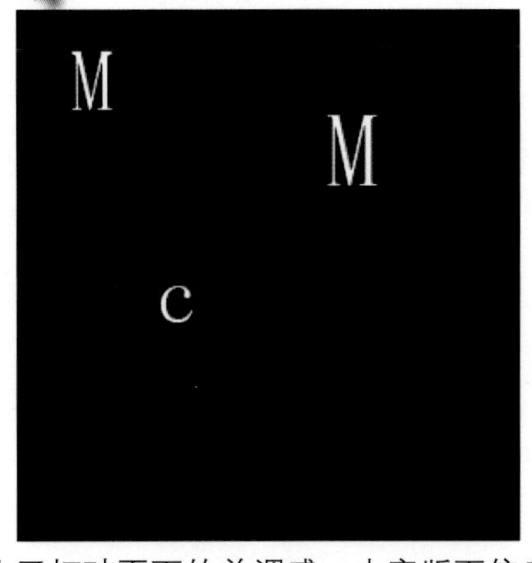

为了打破页面的单调感，丰富版面信息，在版式底层加入不完整的文字底纹效果进行配置，以增加信息量，强化动感。

Example

04

以白色的边框强化印象

本例将人物剪影的头像和植物图案进行组合设计，使其充满了联想，颇具创意。同时，特意配置两个纯色正方形体现对称性，使页面显得非常整齐。

01 组合设计人物剪影与植物图案

在版面中将人物剪影的头像和植物图案进行组合设计，使图像充满了联想，塑造出写意的意境，且颇具创意。

02 配置纯色正方形体现对称性

为了强调版面的整齐性，特意配置两个纯色正方形，以不同的形式分布信息，体现出鲜明的对称性。

03 重复配置字体整合信息

在不同内容的两个正方形中，设计者通过配置相同的字体来关联信息，突出强烈的联系性。

04 设置白色背景边框

为了协调版式层次性，在背景四周加上白色边框进行配置，与大面积黑色形成对比，强化了视觉效果。

Example

05

用颜色来强调个性

本例在版式设计中充分利用不同颜色来强调个性，再通过文字局部变化和特殊符号的暗示性，以及左、右两个页面不同背景的质感，共同彰显个性风格。

01 用颜色强调个性

将图片分块填上不同的颜色，通过色彩来传达不同的感情倾向，呈现个性化的世界。

02 利用竖线制造动向

Twiggy

在版面中，图片与文字给人一种安静感，加入一条竖线，使版面产生一丝动向，使之动静合一。

03 利用单向引号暗示阅读顺序

It' s all about MONEY, girls
and drugs. That' s what it all
comes down to.

本例采用了前引号来暗示阅读的顺序，也隐性地起到衔接页面的作用，该符号的配置形式间接地表现了个性的洋溢。

04 粗糙的颗粒效果

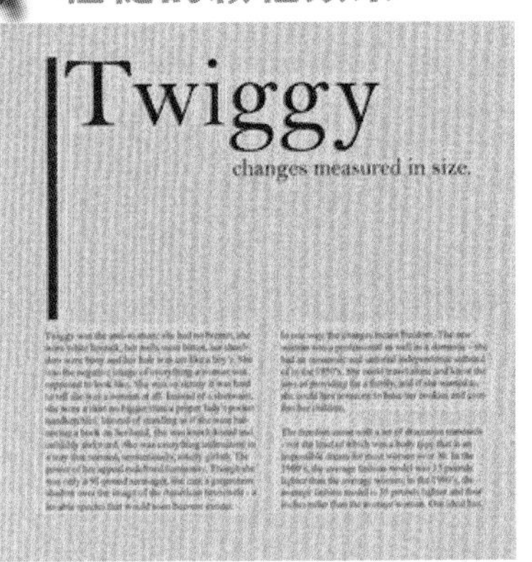

在版面右侧页面的纯色底上采用了粗糙的颗粒效果，对比左侧页面的光滑平面，体现出不同的质感，彰显个性风格。

Example

06

降低颜色对比度以呈现柔和的感觉

本例在版面的右侧设计斜向划过的浅色条，增强了版面的动感；为了使图片很好地融合于背景，降低了图案外层形状的色彩，呈现出柔和的过渡效果，而整个蓝色调的版面营造了平静的氛围。

01 运用浅色条增强动感

在版面的右侧设计浅色条斜向划过的形态，增强了整个版面的运动感。

02 利用标题影像表现前后空间关系

在标题底层配置了扩大字号后的浅色影像，体现出强烈的前后空间关系。

03 降低图案外层色彩明度突出柔和感

为了使图片很好地融合于背景，将图案外层形状的颜色明度降低，使其呈现出更加柔和的过渡效果。

04 蓝色调营造平静的氛围

整个版面以蓝色为主调，明度较高，这样的配色可以使人心情平静，有稳定人们情绪的作用。

Example

07

运用色彩的渐变来表现版面的层次感

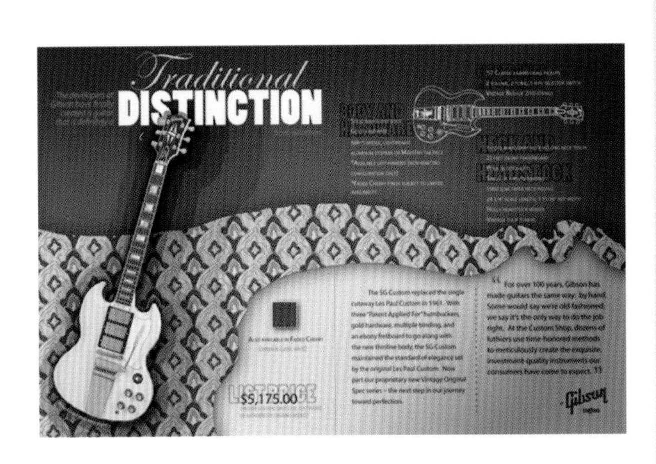

在版式设计中，用局部色块渐变形式来进行配置，表现出版面的层次感；为了将散布于版面的所有信息汇聚整合，设置红色正方形，产生画龙点睛的效果。

以线形图像突出底色

将图像以线形的方式来表达，透出底色效果，使其与背景自然融合，给人平面、直观的感觉，其表意简单且恰到好处。

利用浅色的布料纹理强调韵律感

布料原本给人柔软、顺滑之感，在版面中设置呈现出一种曲线的美感，如水般流动配置，制造出一种婉约的韵律感。

利用渐变的色彩表现层次感

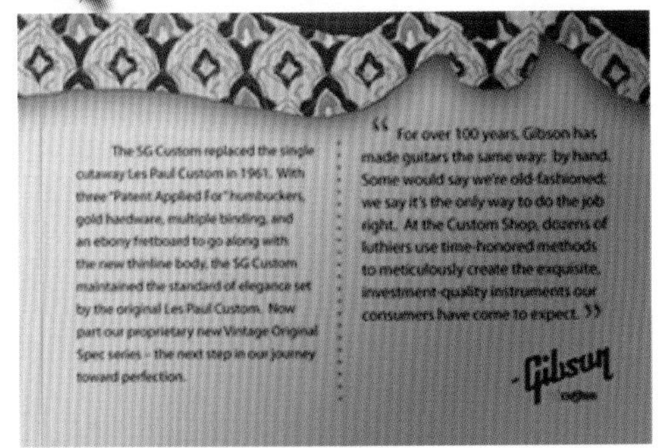

为了更加形象地突出主题，在局部使用色块的渐变形式进行设计，色彩呈对角线推移，表现出版面的层次感。

以红色方形强调视觉中心效果

由于整个版面元素较多，且配置相对分散，为了聚集视线，设置了大红正方形，其统整了版式色彩，强调了视觉中心，起到画龙点睛的作用。

Example

08

使用强烈的色彩来增强版面饱满感

本例利用鲜艳纯色使页面更加饱满，并运用平面剪影形象和单个字母来表现内容，使页面简单、充实，而不失生动。

01 利用鲜艳的色彩吸引视线

本例在整个版式中大量使用纯色，利用鲜艳的颜色吸引视线，其逼人的亮色给人纯正、饱满的感觉。

02 配置线条制造动感

为了改变红色区域所产生的平面感，采用了细长的线条迂回、疏密或重叠地放置，制造出页面起伏不定的感觉，使其具有动感。

03 利用黑色剪影形象充实页面

为了突出强烈的色彩感，在版面中运用黑色人物剪影和单个字母来充实页面。其与单纯底色相结合，形式简单且表意明确。

04 以少量纵向文字增强立体感

在版面中，所有图片都呈现出一种稳定的感觉，利用少量的文字纵向排列于图片上，制造出向下的力量，进而增强版面的立体感。

Example

09

活用黑色字体增强版面的动感

本例将图片配置成亮丽的色彩，与无彩色文字形成对比，增加版面活力；再在白色背景上运用随意性极强的黑色文字，使版面显得有力度且颇具美感，使其设计有形、创意新颖。

01 利用图片亮丽的色彩吸引视线

为了让版面更加富有活力，为图片配置了鲜艳的橙色调，与无彩色的文字及背景形成鲜明的对比，从而吸引读者视线。

02 利用黑色字与白色背景对比增强力度

在白色背景上直接书写随意性极强的粗体黑色文字，使版面显得有力度，呈现出一种潜在的动感。

03 利用黑边文字制造前后关系

为了强调图与文的前后关系，设计者刻意将文字设计成白字黑色边框，并将它放置在图像之上，加强了版面的空间感。

04 配置引号装饰版面

为了整个版式的完整性，利用引号装饰页面，协调相互关系，增加版面趣味。

Example

10

使用不同的图形突出纯色的表现力

本例采用黑白图片和色块的组合增强视觉效果，利用不完整且鲜艳的花纹来装饰版面，通过红、白二色文字的虚实对比来加强其艺术表现力。

用不同的图形增强视觉效果

版面整体采用了黑白图片和色块的组合，以出血裁切方式配置，大大增强了版面的视觉冲击力。

红色等高字体设计

为了使标题更加醒目，设置红色等高的字体，而且让字体旋转90º向内配置，产生一个向内的倾向力，给人强烈的温暖感觉。

利用花纹装饰版式

本例利用不完整且色彩鲜艳的柔美花纹图案来装饰页面，造型随性自然的花纹图案既具有美化的作用，又丰富了版式色彩。

红、白文字的虚实对比

为了突出文字的视觉表现力，将部分文字缩小至不能识别的程度，与可阅读的文字内容以红、白二色对比配置，充分发挥了文字的艺术表现力。

我的版式设计心得

My Experience Of Layout Design

I think layout design is...

如何用色彩来表现主题

EXAMPLE INDEX

在版式设计中，色彩是表现主旨强有力的元素。那么如何运用缤纷的色彩来表现主题呢？行之有效的方式是灵活运用主题色来传达印象，这将是本单元需要重点讨论的问题。

01 运用主题横条色来控制整体

02 采用主题色的装饰物来吸引目光

03 使用白色划分背景突显主题颜色

04 采用主题色渐变效果作为背景

05 以主题色边框增添版面动感

06 将图像处理为主题色作为背景

07 用主题色色块装饰版面的上、下两方

08 活用主题色统整版面

09 只强调画面中的主题色彩

10 重点部分使用主题颜色

FOR ONE
利用黑色背景衬托鲜明的主题色

在所有色彩中，黑色是最具分量感的色彩，能营造出深沉、稳重、神秘的氛围，除此之外，黑色还有良好的衬托作用，不难发现，在许多设计作品中，常采用黑色做背景，其目的就是为了将主题色彩衬托得更加鲜明、具体。如下图所示的平面作品中，选用黑色为背景，将画面中的邻近配色映衬得格外鲜明、亮丽，给人以无限的活力感。

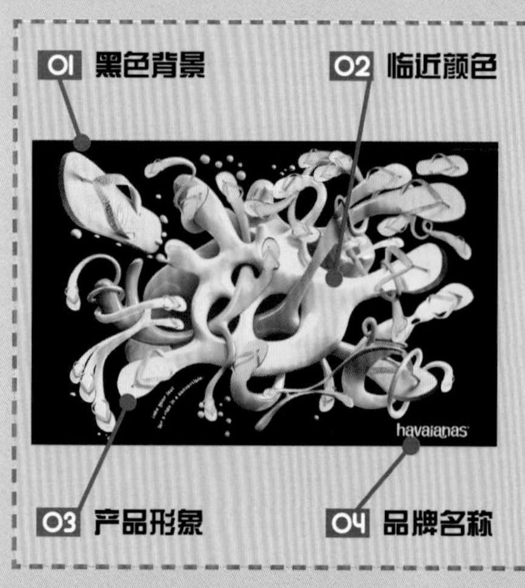

01 黑色背景

选用单一的黑色做画面背景，暗色调黑色的使用，既能有效地衬托有彩色，又能避免花哨背景给人带来纷繁感。

02 邻近配色

在黑色背景的衬托下，由高明度、高纯度的黄色、绿色、蓝色构成的邻近色显得格外鲜明突出，所营造出的欢快印象正好响应了该则广告年轻、活跃的主题。

03 产品形象

将产品形象以扭曲、变形、穿插的手法进行错综交织，其独特的表现形式符合时尚、个性的审美习惯。

04 品牌名称

在画面右下方位置，选用与主题图像色彩一致的黄色为品牌名称色彩，整个画面和谐统一，给人以艺术感。

丰富多样的色彩运用，能够赋予作品鲜明的主题思想。在下面的案例中，精选出10种经典的设计作品设计方案，供大家揣摩色彩的不同表现张力。

Example

01

运用主题横条色来控制整体

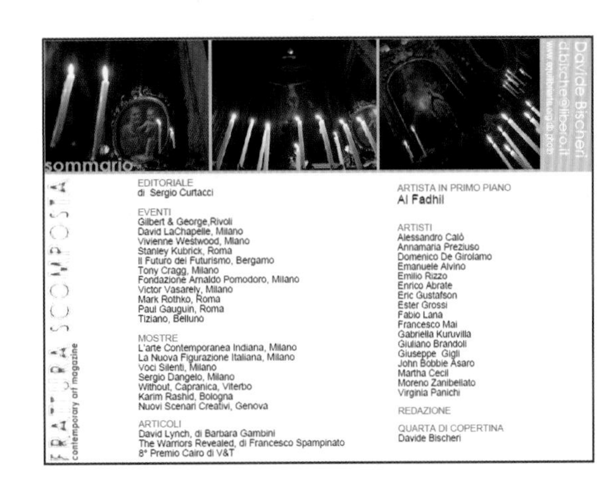

本例利用主题横条色通栏配置，再采用不同视角取材的图片来表现主题，使主题在体现摄影艺术的同时控制整体。将标题文字修饰成若隐若现的效果，使其虚实相生，别具特色。

01 利用横条色块分割版式

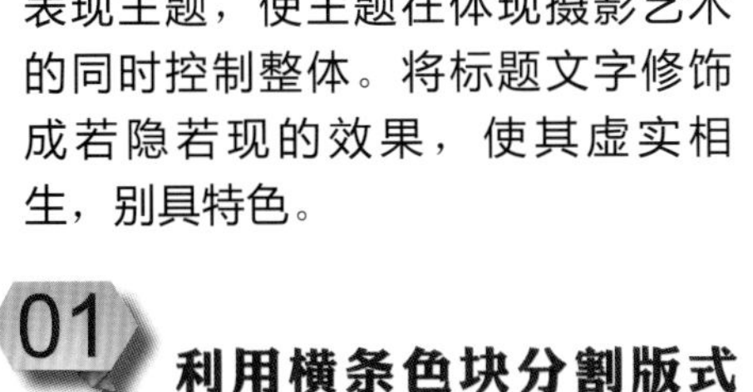

利用顶端横条色块将整个版式一分为二，奠定版面基调，传达出温馨、甜美的气息。

02 排列不同视角的图片烘托氛围

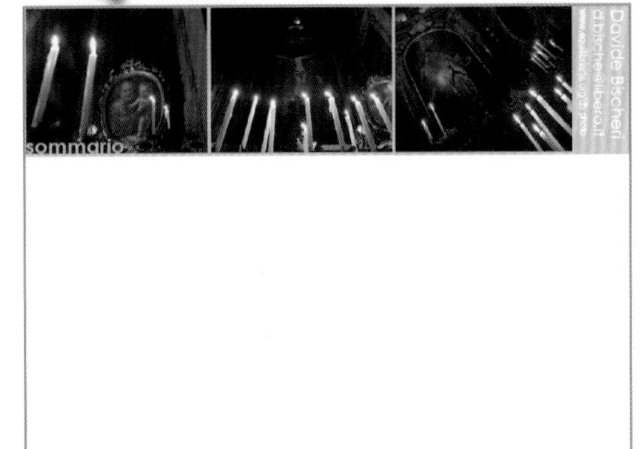

在横条上配置相同主题但不同视角拍摄的图片，横向水平排列的图片既刻画了氛围，又控制了整体。

03 若隐若现的艺术字

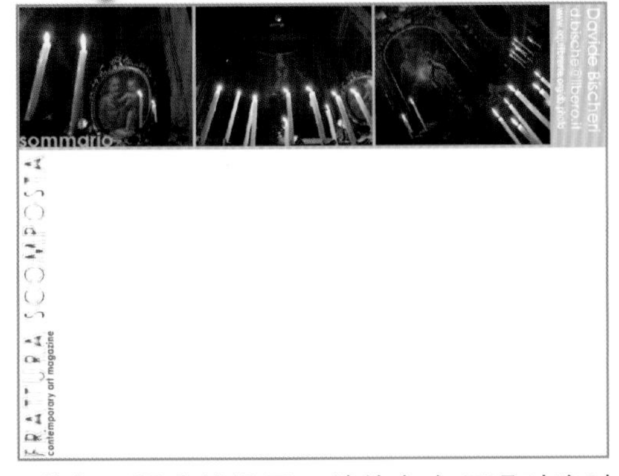

将标题沿边线设置，并使文字呈现时隐时现的形态，与图片中的元素相关联，产生丰富的想象空间，使图文合一。

04 增加文字色彩数量

在文字内容间插入玫瑰红色彩的文字，既丰富了色彩，又使版面层次分明。

Example

02

采用主题色的装饰物来吸引目光

为了牢牢抓住读者目光，本例特别设置了红色装饰物，并在版式设计中融入漫画形象，吸引读者，增添阅读情趣；而图与文字的结合紧凑，也使版面别具特色。

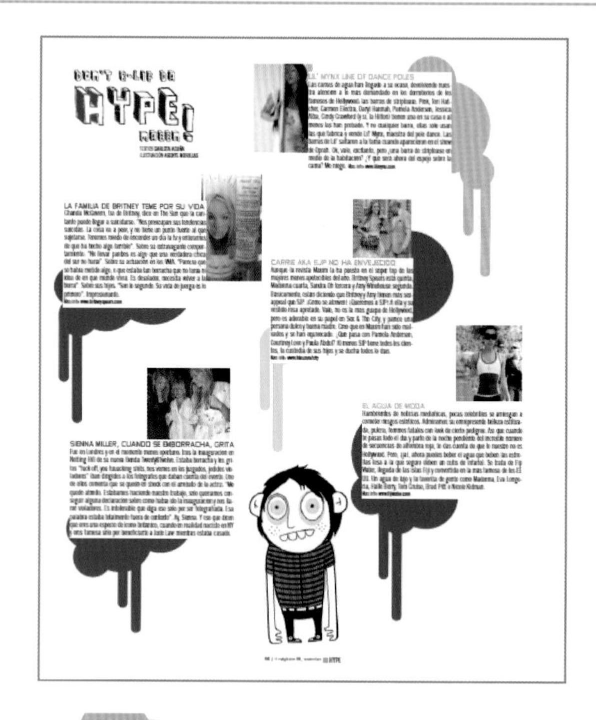

01 立体效果的文字

在版面的左上角设置标题，加入立体渲染效果，增强文字重量感，再将文字倾斜放置，使其显得实在、厚重。

02 红色装饰物

将主题红色装饰物紧挨着文字配置，色彩亮丽直逼视线，无形中吸引阅读目光，从而既美化版式，又使人印象深刻。

03 融入漫画形象

为了加强平面的情趣，设计者刻意融入漫画形象，利用富有童趣的漫画形象带给读者快乐的心情，增强趣味性。

04 阶梯般配置图片

整个版式将图与文紧密结合，如阶梯般设计，突出表现节奏感，引导读者阅读顺序，使版面内容明快、清晰。

Example

03

使用白色划分背景突显主题颜色

本例利用白色划分背景反衬出主色，吸引读者注意力；并将文字当作图片来装饰页面，使文字实现双重功效；再利用仿效手法使用不相关图片烘托主旨，使形式大胆创新。

01 将文字当作图片来装饰页面

为了出新美化页面，设计者利用文字作为图片来装饰主题图片，此做法不仅传达了字面信息，也具有装饰价值，艺术创意极好。

02 重叠字体影像

在段落文字开始位置将首字母与它的影像进行不完全重叠，制造出空间感，其设计唯美、典雅。

03 利用暖色图反衬主题

为了强调主旨内容，采用了不相关的元素仿效诗词的反衬手法，制造出温暖的氛围，衬托出中心，这样的形式大胆创新。

04 利用白色划分背景突显主题色彩

为了更好地彰显主题，设计者选用白色划分背景，突出主色，使主色色彩更加鲜亮从而引人注意。

Example

04

采用主题色渐变效果作为背景

本例将背景装饰出渐变式色彩效果，渲染出空间层次感；再根据主题配以富有创意的动感图案，使版面形式美观，张弛有度，吸引眼球。

01 带主题色的图案

在页面中设计带有主题色的图案，像歌曲里的音符般排列开来，充满韵律且颇具创意，其面积虽小却有锦上添花的效果。

02 滚动的字体

倾斜不正地排列字母，以改变构成形式来展现一种前进的趋势，赋予文字力量和动态，使版面妙趣横生。

03 文字底层设置主题色

在版面主要文字的底层设置绿色矩形，并将文字区别于其他图片分块纵向排列，使版式呈现平稳的状态，从而突显内容。

04 背景色彩的渐变效果

右侧背景上有浅淡的灰色图片和主题内容产生距离呈现空间感；接着用绿色的渐变效果烘托出温馨氛围。

Example

05

以主题色边框增添版面动感

本例统一设置图片为圆形，再在图片周围添加主题色边框，使版面呈现出圆润、柔美之感；为了对比变化，增加白色的圆环穿插其中，并将文字沿圆环边缘配置，使版面显得新颖美观。

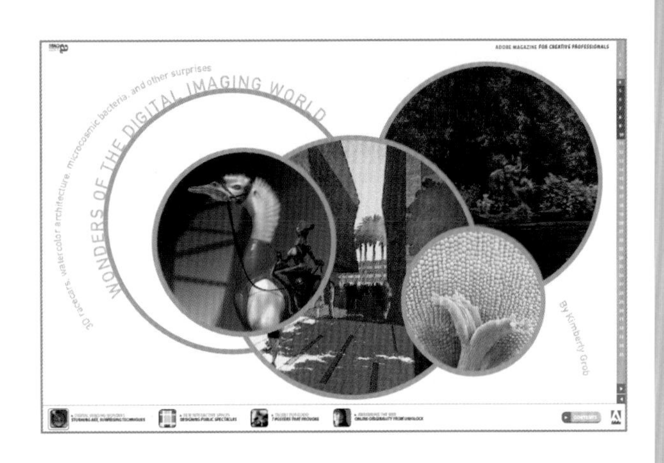

01 图片统一为圆形设置

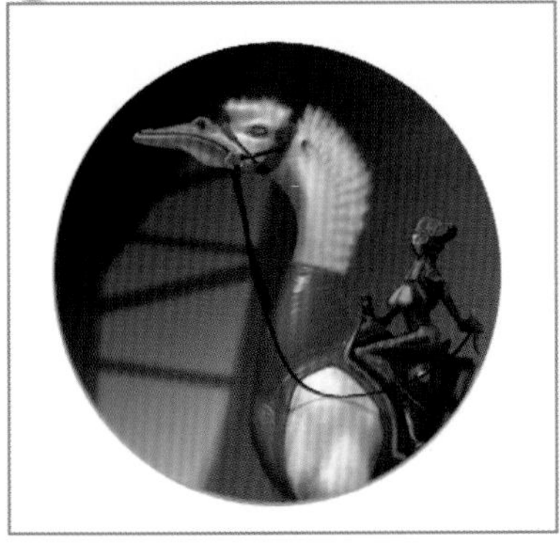

整个版面的图片都为圆形形态，利于聚集视线于圆心，给人平稳、圆润之感，表现出一种柔美印象。

02 以主题色边框增加动感

将图片边缘统一设置成紫色边框，使其彰显动感，而集中布置的图片，也显得紧密有序。

03 白色圆环配置

在图片旁边增加白色圆环，利用白色圆环的空白感凸显其他图片，产生差异，这样的做法使版式不呆板，统一中存在着变化。

04 文字沿圆环边缘配置

将文字内容沿着圆环的边缘配置，赋予文字一定的弧度感，制造出动态，产生一种线条美。

Example

06

将图像处理为主题色作为背景

本例主打绘画风格的版式设计，从图至文选材纯朴，自然真切，利用撕纸般零碎效果表现出一种随意性；而整体色调统一，信息简明。

01 改变纸感

为了强调绘画风格的版式设计，设计者选择的底色为牛皮纸的成色，表现出页面质感，从选材的角度突出主题。

02 绘画风格的字体

为了重点表现背景主题，将中心文字以连续的笔画紧连在一起，仿佛一笔呵成，与图相和。

03 图片撕碎的效果

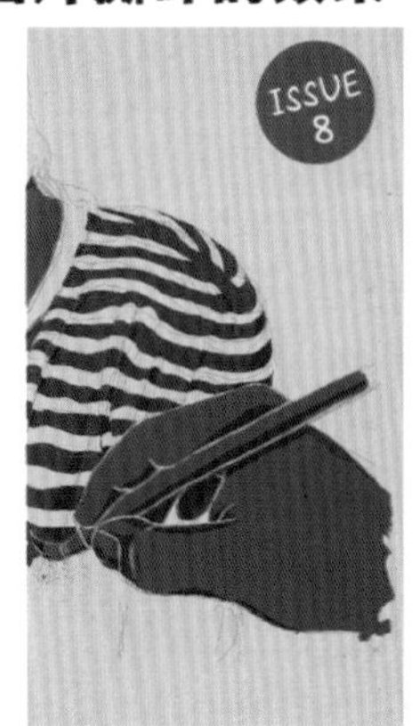

使图片局部呈现撕纸般零碎的效果，制造出一种随笔的感觉，体现随意性和自由性。

04 铅笔质感

为了强调版面真实，再现原始习画的效果，制作出些许铅笔线条，这样的做法增强了版面信息的可信度。

Example

07

用主题色色块装饰版面的上、下两方

本例在版式上、下两端设置横条色块，将图片居中，上、下一体色块让中心图片产生向前推出的感觉，从而使版面能很自然地吸引视线。

01 垂直分布文字

将主要的文字内容疏密有致地垂直分布，形式新颖、对比鲜明，使阅读变得简单、轻松。

02 重复信息加强节奏感

将设计感强的文字改变大小，水平重复配置，再加上倾斜简短的横线条，使文字好像旋律一般循序渐进、优美愉悦。

03 铺上对称底图

在众多元素的底层铺上一张中心对称的图片，整合版式中散布的各种信息，使版面显得乱中有序、浑然一体。

04 主题色块上、下配置

出血配置的图片上、下两端设置黑色的横条色块，既强调出中心图片，又使主题暗暗地向前推移，映入眼帘。

Example
08

活用主题色统整版面

本例在版面中运用黑色边框强调力度感，并重复配置黑色标题，使版面显得整齐、雅致，再将主题色分布于每个图框中统整版面信息。

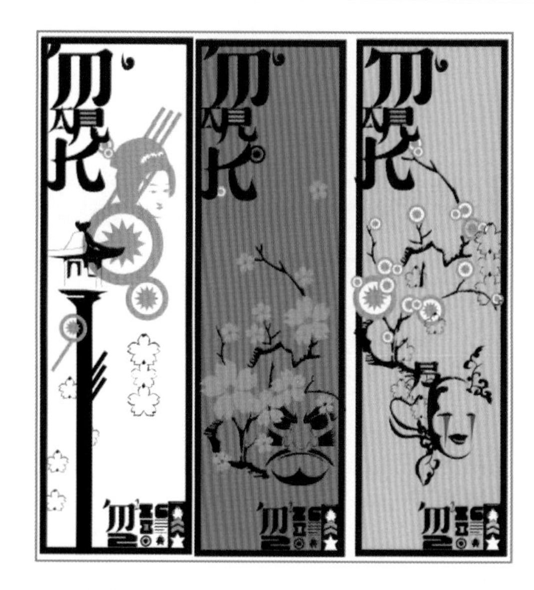

黑框强化力度感

在版面中运用黑色边框强调了力度感，增强了内容的古典气息。

重复配置黑色标题以强调主题

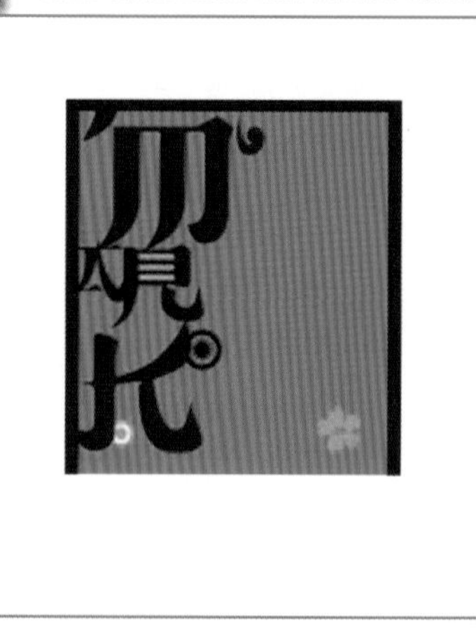

将黑色标题重复配置于同一角，使页面显得整齐、雅致，具有一致性。

配置黄色反衬主题色

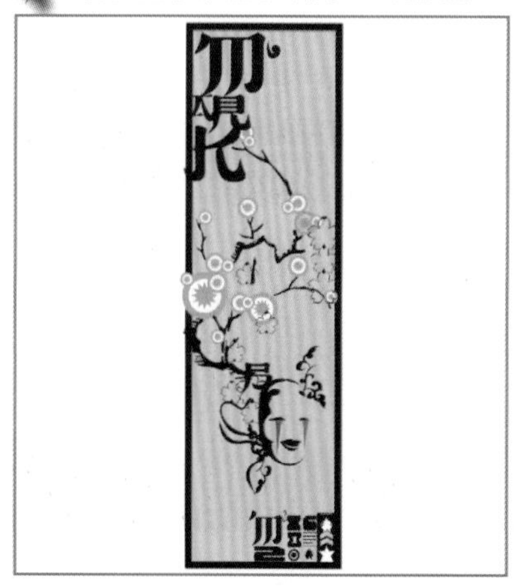

在右侧图片中配置黄色底色，给人阳光、温暖的感觉，反衬主题色。

04 分布主题色统整版面

将主题色分布于每个图框中，起到统整版面的作用，强调整体性。

Example

09

只强调画面中的主题色彩

本例只对配置于版面中图文需要重点突出的部分使用黄色，为了打造以图片为主的版式设计，将图片错综复杂地进行摆放，给人强烈的视觉冲击力。

01 彩字渐变效果

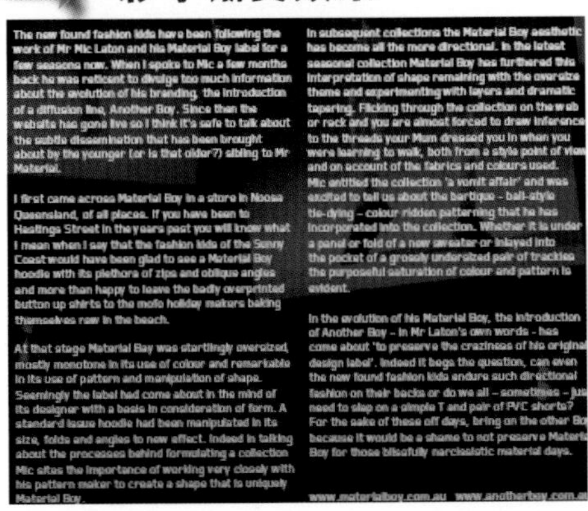

The new found fashion kids have been following the work of Mr Mic Laton and his Material Boy label for a few seasons now. When I spoke to Mic a few months back he was reticent to divulge too much information about the evolution of his branding, the introduction of a diffusion line, Another Boy. Since then the website has gone live so I think it's safe to talk about the subtle dissemination that has been brought about by the younger (or is that older?) sibling to Mr Material.

I first came across Material Boy in a store in Noosa Queensland, of all places. If you have been to Hastings Street in the years past you will know what I mean when I say that the fashion kids of the Sunny Coast would have been glad to see a Material Boy hoodie with its plethora of zips and oblique angles and more than happy to leave the badly overprinted button up shirts to the mofo holiday makers baking themselves raw in the beach.

At that stage Material Boy was startlingly oversized, mostly monotone in its use of colour and remarkable in its use of pattern and manipulation of shape. Seemingly the label had come about in the mind of its designer with a basis in consideration of form. A standard issue hoodie had been manipulated in its size, folds and angles to new effect. Indeed in talking about the processes behind formulating a collection Mic sites the importance of working very closely with his pattern maker to create a shape that is uniquely Material Boy.

In subsequent collections the Material Boy aesthetic has become all the more directional. In the latest seasonal collection Material Boy has furthered this interpretation of shape remaining with the oversize theme and experimenting with layers and dramatic tapering. Flicking through the collection on the web or rack and you are almost forced to draw inference to the threads your Mum dressed you in when you were learning to walk, both from a style point of view and on account of the fabrics and colours used. Mic entitled the collection 'a vomit affair' and was excited to tell us about the bartique - bali-style tie-dying – colour ridden patterning that he has incorporated into the collection. Whether it is under a panel or fold of a new sweater or inlayed into the pocket of a grossly undersized pair of trackies the purposeful saturation of colour and pattern is evident.

In the evolution of his Material Boy, the introduction of Another Boy – in Mr Laton's own words - has come about 'to preserve the craziness of his original design label'. Indeed it begs the question, can even the new found fashion kids endure such directional fashion on their backs or do we all – sometimes – just need to slap on a simple T and pair of PVC shorts? For the sake of these off days, bring on the other Boy because it would be a shame to not preserve Material Boy for those blissfully narcissistic material days.

www.materialboy.com.au www.anotherboy.com.au

为了使页面更加亮丽夺目，将文字内容一律缩小到可读的极限，并加入渐变效果制造出变化。

02 强调图像的黄色部分

只将图像中的黄色部分强调出来，借此强化图片与文字的关联性，而其他部分色调偏暗，给人一种沉稳、安定的感觉。

03 减少色彩种类

由于只需要让人意识到黄色，所以将标题设置成浅灰色，并将该文字制造了一点点光晕的感觉，使其呈现出细微变化。

04 错综复杂地配置图片

为了体现以图片为主的版式效果，将众多矩形图片交错配置，以微小的凌乱感给人一种饱满、强烈的视觉冲击力。

Example

10

重点部分使用主题颜色

本例在重点文字部分采用了桃红色，利用改变字体间疏密关系来表现韵律感，把所有图片如扇形般排列配置，产生一种弧度美，从而加强视觉效果。

01 在重点部分使用桃红色

在纯黑背景上，设计者在需要强调的部分使用了桃红色，让其更加显眼突出、对比鲜明。

02 白色文字制造稳定感

由于背景色调深，为了便于读者了解信息，所以将文字设置成对比强烈的白色，使版面产生一种相对稳定的感觉。

03 扇形配置图片

将所有图片如扇形般排列配置，使其产生一种弧度美，这种形式优美、色彩温暖亮丽的版面效果更易吸引读者眼球。

04 疏密结合变化字体

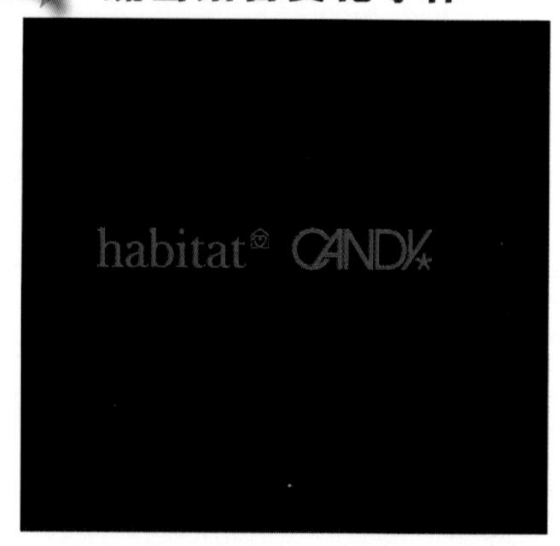

在版式中改变字母的间距来制造疏密关系，使文字形成对比，产生一种节奏感，加强视觉效果。

我的版式设计心得

My Experience Of Layout Design

I think layout design is...

采访类文章的版式设计

采访类文章具有时限性、传播速度快、传播范围广等特点。如何正式、严谨又充满活力地传递信息是本章版式设计的重点。

01 运用表格以引导视线

02 合理地使用配色和字体表现主题

03 为被采访者设分页并分色配置

04 将图片与采访文字分页摆放

05 采用清爽的自由版式设计

06 文字编排宽松体现轻松的采访版式

07 利用装饰物和字体打造趣味画面

08 灵活运用颓废感觉的素材

09 强调视线引导元素吸引读者阅读

10 让文字重叠嵌入至图像中

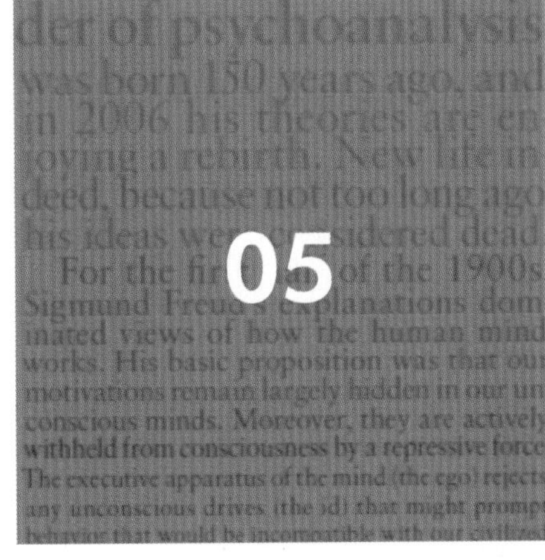

04

n Comma
aving the firs
emale Preside
eena Davis is
vinning the po
ote
BY SARA DAVIDSON

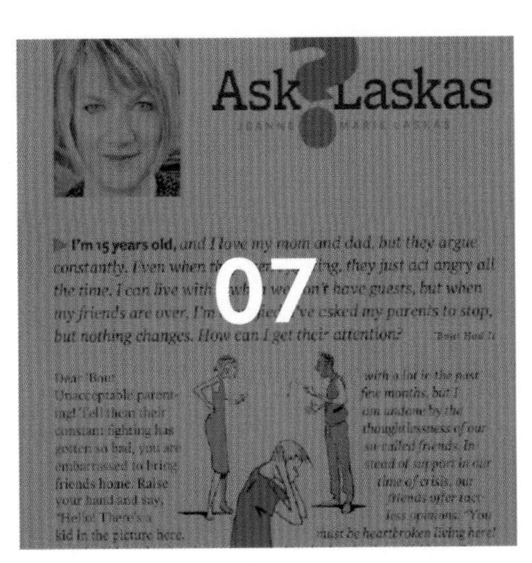

FOR ONE
采用问答形式完成轻松的专题采访

在对受访人进行专题采访时，采用得最多的手法便是一问一答的访问形式，当然在访问时，需提前对受访者的资料进行整理，并了解读者可能对受访者的哪些问题感兴趣。问答式的采访具有一定的针对性，且具有轻松、自由的特点，能给人一种亲和力。如下图所示的专访文章中，首先张贴出受访人的照片，再采用问答式手法进行版式编排，版面简洁、直观。

1) If you were not doing modelling at this time, what would you be doing?
That's a really difficult question!First of all I would like to learn draw, because I like every kind of arts and than with my knowledge in draw I would like to design something, it could be clothes, furnitures, electric machines.

2) What part of your job do you like most?
I just like this whole! If I have to choose what is the best part of it maybe I would choose the opportunity for travel around the world and meet very nice people everywhere, but who doesn't like traveling!

3) Who would you like to do a campaign for?
Do you have easier questions? I want them! My choice would be Prada or Jil Sander.

4) What's the best city to live?
MY CITY IS BUDAPEST! It's a very mysterious city where you can find history everywhere, where you can find little details on the old buildings and you can discover new things everytime. Actually I'm in live with stylish cafes and ruin-pubs here, so for me this is the best now!

5) What do you use to do when you are not modelling?
Poor me! I'm in the school. As much as I can I am with my friends.

01 人物图片　02 白底黑字

03 左右版面　04 问答形式

01 人物图片

在浅灰色背景中，穿着深灰西装的人物以轻松的姿态呈现于画面之中，给人以谦逊、亲切的印象。

02 白底黑字

在白色背景中，选用单一的黑色为文字色彩，白底黑字更便于文字的传递与阅读。

03 左右版面

版面将人物与访问内容分别置于左右两个页面之中，左图右文的形式更加符合正常的阅读习惯。

04 问答形式

整篇访问均采用相同字号的黑色字体，为了区分提问内容与回答内容，特意将序号与问题设置为加粗，这样一来，问答内容层次更加分明，便于阅读。

采用问答形式仅仅只是采访类文章的一种典型编排形式，实际上，为使采访类文章更加丰富多彩，其编排形式也是多种多样的，在下面例举了10种优秀的版式设计供大家参考。

Example

01

运用表格以引导视线

采访类文章的版面里有时会同时出现多个被采访者，为了避免版面杂乱不易阅读，可以利用表格分隔每一位被采访者的内容，使版面条理更清晰。

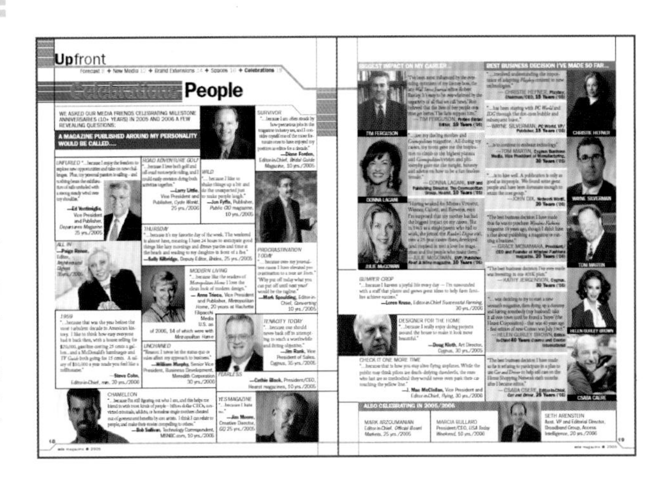

01 运用色块区分不同内容

利用背景色块对相同内容做统一规划，对不同内容进行区分，使版面内容更加清晰。

02 采用自由、个性排版方式

为了强调人物的个性，采用自由、个性的版面排版方式，以明确展现文章主题。

03 运用表格规划图文信息

用表格的方式把每一位采访者的图片和文字内容进行规划，使图片和文字都在同一个表格内，让读者清晰、易辨。

04 整体错落配置版面要素

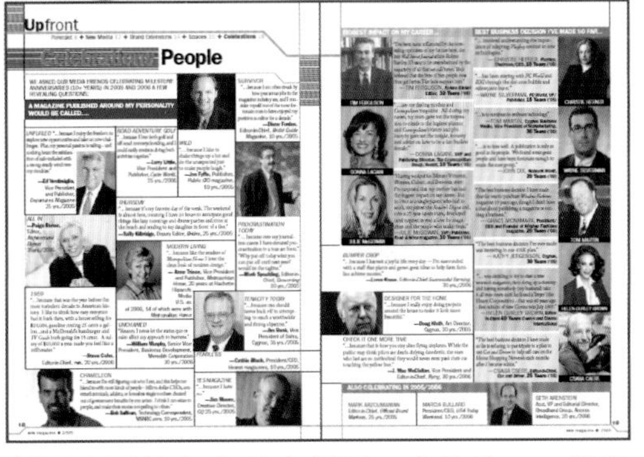

版面中图片大小基本相同，字体统一，将各要素错落有致地布置，使版面条理清晰又富有变化。

Example

02

合理地使用配色和字体表现主题

本例版面的文字篇幅较大，为了更好的表现主题，标题设计得非常考究，显得既正式又严谨；人物的形象也很重要，利用加深轮廓线的处理方式突显了人物造型。

01 用灰色块做背景统一标题文字

使用灰色的背景统一标题文字，红色的大标题在灰色背景上显得非常醒目，且既正式又严谨。

02 问句字体加粗使条理更清晰

正文里将问句的字体加粗使内容结构更清晰，版面整齐干净又有条理。

03 沿人物轮廓进行文字的排版

文字的编排沿着人物轮廓进行，使图片和人物协调统一，版面具有节奏感。

04 用轮廓线处理图片以增强读者注意力

图片用加深轮廓线的处理方式，拉开人物和文字内容之间的距离，突显人物，增强层次性。

Example

03

为被采访者设分页并分色配置

CAPITAL MARKETS

By Alison Langley

Back to the BÖRSE

Reto Francioni helped turn Deutsche Börse into a powerhouse in the '90s. Now back as CEO, he needs to mollify shareholders and give the exchange a new direction after its failed London bid.

本例将被采访者的图片铺满右侧页面，并对人物面部用粗糙的笔刷进行刻画，突出人物深度。版面中整体色调由蓝、黑、白三种颜色组成，呈现出沉着、冷静、理性的感觉。

01 利用笔刷效果突出人物深度

对人物的面部运用较粗糙的笔刷进行细致的刻画，充分突出了人物的地位和深度。

02 人物简介性文字嵌入图片

把与人物相关的说明性文字嵌入图片中，使之自然地融合于图片中，形成相互之间的补充说明。

03 合理配色突出文章主题

CAPITAL MARKETS

By Alison Langley

Back to the BÖRSE

版面中整体色调由蓝、黑、白三种颜色组成，呈现出沉着、冷静、理性的感觉。

04 利用红色衔接版面

CAPITAL MARKETS

By Alison Langley

Back to the BÖRSE

用红色衔接左、右页面，蓝色的背景和红色的大标题又形成强烈的对比，起到吸引读者视线的作用。

Example

04

将图片与采访文字分页摆放

本例将特写式被采访者的图片铺满整个左侧页面，严肃、有力地突出了主题；而文字信息以简约的排版方式编排于页面右侧，使整个版面既正式又得体。

RD Face to Face

In Command

Playing the first female President, Geena Davis is winning the popular vote BY SARA DAVIDSON

For once, the President of the United States is speechless. Can't say a word, can't utter a peep. No, we didn't ask an outrageous question, or spill coffee on the Oval Office rug. It's just that Geena Davis, who plays the first American woman to run the White House on the ABC breakout hit *Commander in Chief*, has a node, or growth, on a vocal cord. Her doctor has advised her not even to whisper for two weeks or risk permanent damage to her voice. But the show—and the interview—must go on. So we ask questions, and she pecks out answers on a laptop.

109

01 将特写式被采访者的图片铺满左侧页面

将特写式被采访者的图片铺满整个左侧页面，既强调人物的身份，又严肃、有力地突出了主题。

02 模糊图片背景突显人物

将人物图片底层的旗帜背景模糊化，使人物轮廓更加清晰，呈现出前后空间关系。

03 让文字标题与图片相互平衡

标题居右，几乎占据了半个右侧页面，与左页的图片相协调，起到了平衡、统一版面的作用。

04 简约排版强调严肃性

将图片与文字分割排版，形式简约不花哨，充分体现了信息题材的严肃性。

Example

05

采用清爽的自由版式设计

本例在版面中利用留白增加视觉空间，减轻阅读压力，并在图片与文章中心文字之间用箭头引导视线，增强阅读趣味。

(FREUD at 150)
His Influence Today

Neuroscientists are finding that their biological descriptions of the brain may fit together best when integrated by psychological theories that Freud sketched a century ago
By Mark Solms

Freud Returns

The founder of psychoanalysis was born 150 years ago, and in 2006 his theories are enjoying a rebirth. New life indeed, because not too long ago his ideas were considered dead.

For the first half of the 1900s, Sigmund Freud's explanations dominated views of how the human mind works. His basic proposition was that our motivations remain largely hidden in our unconscious minds. Moreover, they are actively withheld from consciousness by a repressive force. The executive apparatus of the mind (the ego) rejects any unconscious drives (the id) that might prompt behavior that would be incompatible with our civilized conception of ourselves. This repression is necessary because the drives express themselves in unconstrained passions, childish fantasies, and sexual and aggressive urges.

Mental illness, Freud said until his death in 1939, results when repression fails. Phobias, panic attacks and obsessions are caused by intrusions of the hidden drives into voluntary behavior. The aim of psychotherapy, then, was to trace neurotic symptoms back to their unconscious roots and expose these roots to mature, rational judgment, thereby depriving them of their compulsive power.

As mind and brain research grew more sophisticated from the 1950s onward, however, it became apparent to specialists that the evidence Freud had provided for his theories was rather tenuous. His principal method of investigation was not controlled experimentation but simple observations of patients in clinical settings, interwoven with theoretical inferences. Drug treatments gained ground, and biological approaches to mental illness gradually overshadowed psychoanalysis. Had Freud been alive, he might even have welcomed this turn of events. A highly regarded neuroscientist in his day, he frequently made remarks such as "the deficiencies in our description would presumably vanish if we were already in a position to replace the psychological terms by physiological and chemical ones." But Freud did not have the science or technology to know how the brain of a normal or neurotic personality was organized.

By the 1980s the notions of ego and id were considered hopelessly antiquated, even in some psychoanalytic circles. Freud was history. In the new psychology, the updated thinking went, depressed people do not feel so wretched because

28 SCIENTIFIC AMERICAN MIND　COPYRIGHT 2006 SCIENTIFIC AMERICAN, INC.　April/May 2006　www.sciammind.com　COPYRIGHT 2006 SCIENTIFIC AMERICAN, INC.　SCIENTIFIC AMERICAN MIND 29

01 用留白减少采访文章的严肃感

(FREUD at 150)
His Influence Today
Neuroscientists are finding that their biological descriptions of the brain may fit together best when integrated by psychological theories that Freud sketched a century ago
By Mark Solms
Freud Returns
The founder of psychoanalysis was born 150 years ago, and in 2006 his theories are enjoying a rebirth. New life indeed, because not too long ago his ideas were considered dead.

文字上方采用留白的方式，增加视觉空间，给读者带来清爽的版面效果，减轻阅读压力。

02 用箭头衔接图片与相关文字

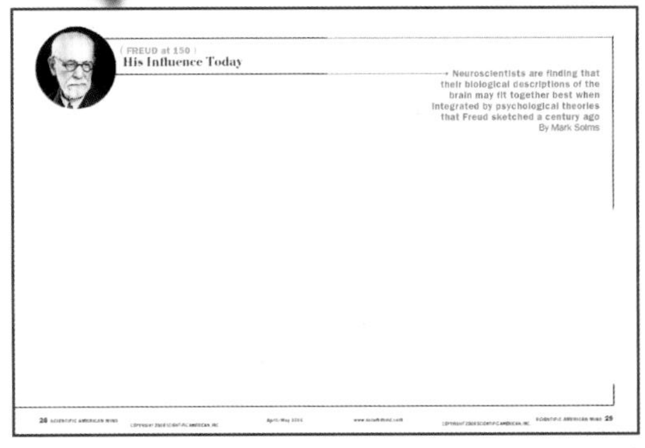

(FREUD at 150)
His Influence Today
Neuroscientists are finding that their biological descriptions of the brain may fit together best when integrated by psychological theories that Freud sketched a century ago
By Mark Solms

人物图片与文章中心文字之间用箭头指引视线，增强版面阅读趣味性。

03 标题性文字居上摆放相互呼应

(FREUD at 150)
His Influence Today
Neuroscientists are finding that their biological descriptions of the brain may fit together best when integrated by psychological theories that Freud sketched a century ago
By Mark Solms
Freud Returns

橙色文字与大标题均居上摆放，相互呼应，使版面富于变化又相对平衡。

04 渐变正文字体大小吸引阅读

The founder of psychoanalysis was born 150 years ago, and in 2006 his theories are enjoying a rebirth. New life indeed, because not too long ago his ideas were considered dead.

文首部分字体大小的逐渐变化，与其他文字段落形成鲜明的对比，吸引阅读。

Example

06

文字编排宽松体现轻松的采访版式

Where do you get the information, knowledge, tips and updates you need?

If it's technical, Google is just fine. Or you can ask another artist if you know one: online communities are great for this. But once you master the basics, there is no better way than to learn by yourself: train your eye to deeply analyze images that you like, and you will understand what appeals you on them and how to achieve this. Then, it's a matter of mastering technique, which can only by done by practicing a lot.

"I love my job. If it wasn't the case, I woudn't had taken the risk to work as a freelance artist."

Where do you get your inspiration and ideas from?

Working with a model is a wonderful source of inspiration, especially when we try to create a story together. They love to act and pretend they are someone else. Most of them are not pro and just started modeling when I asked them to pose. I like this simplicity and complexity: people say it shows on the pics and I think I can believe them.

I am very inspired by movies, books, paintings…

I also like to read blogs such as Ffffound [http://ffffound.com/].

Do you spend many time answering questions and giving tips/advices online?

Actually, yes… and I think I'm one of the few to do so. The problem is that sometimes, people just send me a message as if I was Google. I think I wouldn't had come up that far if I had done the same thing when I was beginning:

it's by searching that you learn, not by hoping to quickly get the right answer.

Would you recommend me some books and websites, etc., please?

Photoshop for Photographers by Martin Evening, Photo.net [http://photo.net/] to learn about photography and Ffffound for inspiration.

In your opinion, can visual arts be a critical movement and serv as agents of change in communities and society in general?

I just view them as tools. It's what you do with them that makes an impact. Give me a microphone and I won't change the world with it. Give it to a president, and things might be different.

Thanks Jean-Sébastien for his patience and precious contribution for my work.
All the images used are copyrighted to him and cannot be used without his agreement, expressed authorization.

在版面中，图片采用淡淡的云彩效果进行渲染，增添了一层神秘梦幻的感觉，将重点文字打破分栏排版方式配置于相对居中的位置，起到很好的强调作用，而且文字排版相当宽松，利于阅读。

01 打破传统分栏配置方式以制造节奏感

communities are great for this. But once you master the basics, there is no better way than to learn by yourself: train your eye to deeply analyze images that you like, and you will understand what appeals you on them and how to achieve this. Then, it's a matter of mastering technique, which can only by done by practicing a lot.

and giving tips/advices online?

Actually, yes… and I think I'm one of the few to do so. The problem is that sometimes, people just send me a message as if I was Google. I think I wouldn't had come up that far if I had done the same thing when I was beginning:

"I love my job. If it wasn't the case, I woudn't had taken the risk to work as a freelance artist."

Where do you get your inspiration and ideas from?

Working with a model is a wonderful source of inspiration, especially when we try to create a story together. They love to act and pretend they are someone else. Most of them are not pro and just started modeling when I asked them to pose. I like this simplicity and complexity: people say it shows on the pics and I think I can believe them.

it's by searching that you learn, not by hoping to quickly get the right answer.

Would you recommend me some books and websites, etc., please?

Photoshop for Photographers by Martin Evening,

为了强调重点文字信息，以红色打破分栏规则的新形式配置于版面中，且上、下间距较大，使文字醒目而突出。

02 利用云彩效果丰富图片

在图片中采用了淡淡的云彩效果进行渲染，使图片增添了一层神秘梦幻的感觉。

03 利用紫色矩形分割版面

在版面下方配置紫色矩形分割版式，塑造忧郁的氛围，衬托图片意境，使版面显得高贵、神秘。

04 文字排版宽松，方便阅读

Where do you get the information, knowledge, tips and updates you need?

If it's technical, Google is just fine. Or you can ask another artist if you know one: online communities are great for this. But once you master the basics, there is no better way than to learn by yourself: train your eye to deeply analyze images that you like, and you will understand what appeals you on them and how to achieve this. Then, it's a matter of mastering technique, which can only by done by practicing a lot.

"I love my job. If it wasn't the case, I woudn't had taken the risk to work as a freelance artist."

Where do you get your inspiration and ideas from?

Working with a model is a wonderful source of inspiration, especially when we try to create a story together. They love to act and pretend they are someone else. Most of them are not pro and just started modeling when I asked them to pose. I like this simplicity and complexity: people say it shows on the pics and I think I can believe them.

I am very inspired by movies, books, paintings…

I also like to read blogs such as Ffffound [http://ffffound.com/].

Do you spend many time answering questions and giving tips/advices online?

Actually, yes… and I think I'm one of the few to do so. The problem is that sometimes, people just send me a message as if I was Google. I think I wouldn't had come up that far if I had done the same thing when I was beginning:

it's by searching that you learn, not by hoping to quickly get the right answer.

Would you recommend me some books and websites, etc., please?

Photoshop for Photographers by Martin Evening, Photo.net [http://photo.net/] to learn about photography and Ffffound for inspiration.

In your opinion, can visual arts be a critical movement and serv as agents of change in communities and society in general?

I just view them as tools. It's what you do with them that makes an impact. Give me a microphone and I won't change the world with it. Give it to a president, and things might be different.

Thanks Jean-Sébastien for his patience and precious contribution for my work.
All the images used are copyrighted to him and cannot be used without his agreement, expressed authorization.

在版面中，文字间距较大，排版相当宽松，方便读者阅读，给人充足的思考空间。

Example

07

利用装饰物和字体打造趣味画面

本例利用幽默性插画增强信息的趣味性，用红色问号调动读者兴趣，在文首配置彩色三角形使版面的结构非常明晰。

01 趣味性插画带给读者轻松感

Dear 'Bout,
Unacceptable parenting! Tell them their constant fighting has gotten so bad, you are embarrassed to bring friends home. Raise your hand and say, "Hello! There's a kid in the picture here, and the kid needs a break from all this anger!" Suggest they get a therapist. If that doesn't work, go to an aunt, uncle, clergyperson, doctor—any trusted grown-up who can intervene on your behalf.

with a lot in the past few months, but I am undone by the thoughtlessness of our so-called friends. Instead of support in our time of crisis, our friends offer tactless opinions: "You must be heartbroken living here! You had such a beautiful home!" (Like I don't know.) Or "You must have had an adjustable rate mortgage, so you brought this mess on yourself." What can I say without sounding defensive? Comeback Kid

Dear Comeback,
To feel safe in their own lives,

插入与内容相关的幽默插图，能够增强文章的趣味性，给读者带来轻松感。

02 红色问号调动读者阅读兴趣

and I love my mom and dad, but they argue
hen they aren't fighting, they just act angry all
with it when we don't have guests, but when

红色问号非常醒目，放在标题的中间，激发读者逆向思维，调动读者的阅读兴趣。

03 黄色背景突显重点文字内容

goes like this: "I'm too smart to go for an ARM, and my husband is too amazing to ever get downsized!" In other words, "I'm not like them, and so I'm immune to tragedy!" Nonsense, of course, but a common rationalization. Nothing you can say will enlighten these folks, so take the high road. Each time someone says something stupid, remind yourself that you're doing the best you can and that you're strengthened by adversity. Notice that the rude folks are usually those who haven't yet gone through their own hard times; those who have tend to be a lot more charitable—and likable!

My older sister is *in her 40s and has many close friends, but a steady relationship seems to elude her. For*

Life's Little Etiquette Conundrums

When my husband and I were married a year and a half ago, I didn't have a bridal shower; our registry was very limited because we had a small apartment and no need for traditional wedding gifts. Now that we've purchased a home, I'd love to be able to register for the things we need. Would it be inappropriate to have a shower this long after the wedding? Would it be tacky to have a housewarming registry?

In a word: yes! In three words: Don't do it! The time for a wedding shower is long over, and sorry, but you missed your turn for the big-ticket items. Now, that doesn't mean you can't throw a housewarming party. Invite friends and relatives to see your new home, and if they choose to bring a gift, accept it with gratitude. But realize that

黄色色块上设置了重点文字信息，具有较强的强调性，能够引起注意。

04 配置三角形引导阅读

版面中文首配置了彩色的三角形，能够引导读者阅读，且使版面的结构非常明晰。

Example

08

灵活运用颓废感觉的素材

本例中整个版面呈偏灰色调，塑造沉静的氛围，运用陈旧泛黄的报纸信息体现鲜明的历史感，以分栏的方式排列文字表现版面的庄重感觉。

01 把握整体色调符合主题

整个版面的色调偏灰，塑造出沉静的氛围，突出一种朴实、简约的风格。

02 运用废旧素材强调历史感

这是一篇写人物过去事件的文章，运用陈旧泛黄的报纸，体现出鲜明的历史感。

03 不规则边缘表现曲线美

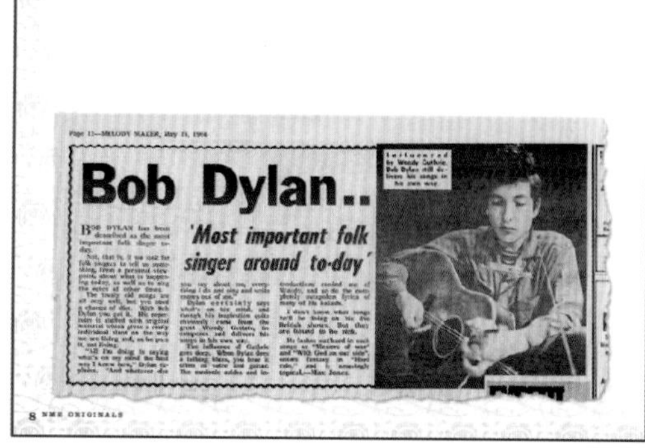

报纸边缘线保留自然的撕裂纹路，使其显得真实、自然，且具有一种曲线美。

04 分栏的方式表现庄重

文字以分栏的形式排列，使文字紧密有致，引导读者的阅读视线，且表现出庄重的感觉。

Example

09

强调视线引导元素吸引读者阅读

本例利用引导性字母明确提示文段初始位置从而引导阅读，并把问题的文字字体颜色稍作改变，减轻了阅读压力，使阅读变得轻松。

大小对比的两图增强视觉冲击

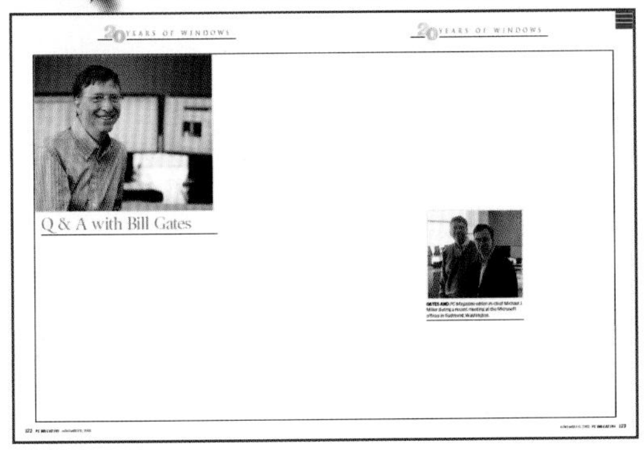

在左、右页面各配置一张单图，一大一小对比鲜明，增强了版面的视觉冲击力。

左对齐文字突显丰富的信息

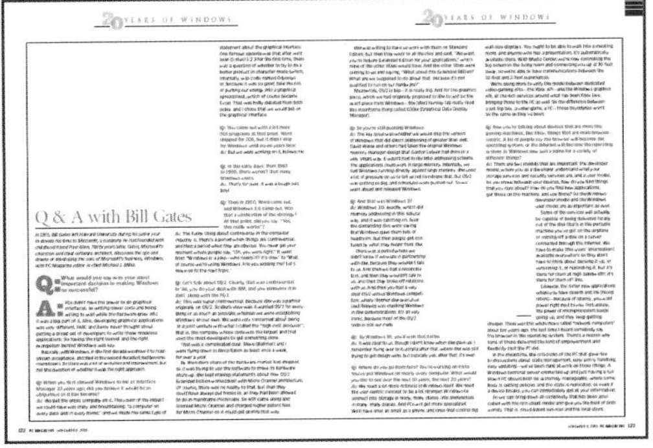

文字内容均采用左对齐的方式进行配置，整齐有致，突显版面丰富的信息量。

引导性文字的运用

Q: What would you say was your most important decision in making Windows so successful?

A: PCs didn't have the power to do graphical interfaces, so writing clever code and being willing to wait while the hardware grew into it was a big part of it. Also, developing graphical applications was very different. PARC and Xerox never thought about getting a broad set of developers to write these modeless applications. So having the right toolset and the right evangelism behind Windows was key.

Basically, with Windows, in the first decade we drove it to main-stream acceptance, and then in the second decade it had become mainstream. So there was a lot of evolution and improvement, but not this question of whether it was the right approach.

move on
Q: Let's
In '86, y
1987, alo
A: This
originally
thing or
Windows
in a join
that is, t
used the
That w
were flyi
for over
By the
so it was
share up

利用大号、绿色的引导性字母明确提示正文开始的位置，从而引导阅读。

改变字体颜色减轻阅读压力

Q & A with Bill Gates

In 1975, Bill Gates left Harvard University during his junior year to devote his time to Microsoft, a company he had founded with childhood friend Paul Allen. Thirty years later, Gates, Microsoft's chairman and chief software architect, discusses the ups and downs of developing the core of Microsoft's business, Windows, with PC Magazine editor-in-chief Michael J. Miller.

Q: What would you say was your most important decision in making Windows so successful?

A: PCs didn't have the power to do graphical interfaces, so writing clever code and being willing to wait while the hardware grew into it was a big part of it. Also, developing graphical applications was very different. PARC and Xerox never thought about getting a broad set of developers to write these modeless applications. So having the right toolset and the right evangelism behind Windows was key.

Basically, with Windows, in the first decade we drove it to main-stream acceptance, and then in the second decade it had become mainstream. So there was a lot of evolution and improvement, but not this question of whether it was the right approach.

Q: When you first showed Windows to me as Interface Manager 22 years ago, did you believe it would be as ubiquitous as it has become?

A: We bet the entire company on it. The vision of the impact we could have was crazy and breathtaking, "a computer on every desk and in every home," and we made the same type of

and Windows 3.0 came out. Was that a vindication of the strategy? At that point, did you say, "Yes, this really works"?

A: The funny thing about controversy in the computer industry is, there's a period when things are controversial, and then a period when they are obvious. You never get your moment where people say, "Oh, you were right." It went from "Windows is a joke—who needs it? It's slow" to "Well, of course we're using Windows. Are you kidding me? Let's move on to the next topic."

Q: Let's talk about OS/2. Clearly, that was controversial. In '86, you do your deal with IBM, and you announce it in 1987, along with the PS/2.

A: This was super-controversial, because IBM was a partner originally on OS/2. So IBM's view was it wanted OS/2 for every thing or as much as possible, whereas we were establishing Windows on our own. We were very concerned about being in a joint venture with what I called the "high-cost producer"; that is, the company whose code was the largest and that used the most developers to get something done.

That was a complicated deal. Steve [Ballmer] and I were flying down to Boca Raton at least once a week for over a year.

By then IBM's share of the hardware market had dropped, so it was trying to use the software to move its hardware share up. IBM kept making statements about how OS/2 Extended Edition worked best with Micro Channel architecture. Of course, there was no reality to that, but then they could have always put hooks in, as they had been allowed to do in mainframe microcode. So MCA came along and licensed Micro Channel and charged higher patent fees for Micro Channel so it could get profits that way.

为了减轻读者的阅读压力，把问题文字的字体颜色稍作改变，这样就把文字内容分为了几小段，使读者阅读起来变得轻松。

Example
10

让文字重叠嵌入至图像中

本例采用跨页设计呈现标题，使其非常醒目且给人留下深刻的印象；重叠单个文字并将文字嵌入图片中，增强版式动感；采用深蓝色调，使人物富有知性与智慧。

01 标题跨页设计更醒目

为了强调标题，特别采用跨页设计呈现，使其更加醒目，给读者留下深刻的印象。

02 重叠文字嵌入图片增强动感

将单个字母进行重叠排版，再将文字嵌入图片中，增强版面动感，突显人物形象。

03 字体间距大给人宽阔的感觉

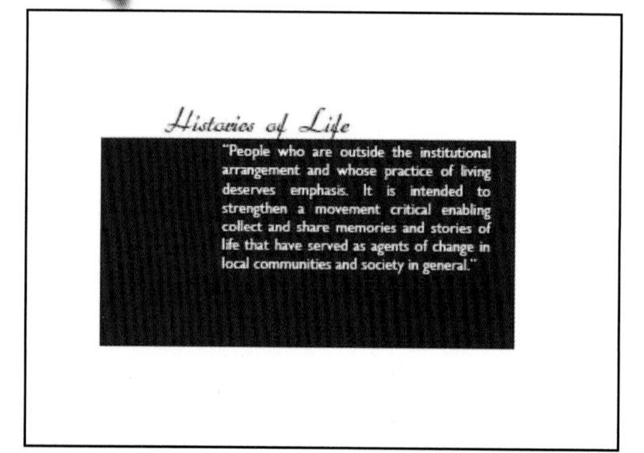

在蓝色底块上配置了排版宽松的文字段落，由于字体间距较大，给人宽阔的感觉，使阅读更轻松。

04 蓝色主调给人知性、智慧印象

整个版面以深蓝色为主调，这是博大的颜色，能够使人心绪稳定，突出人物的知性与智慧。

我的版式设计心得

My Experience Of Layout Design

I think layout design is...

Cuando el río suena, es que agua lleva... Y cuando un artista tiene la pinta como la de la foto que acompaña a este texto, ya te puedes imaginar por dónde van a ir los tiros.

116 Jonjo Feather

时尚杂志的版式设计

EXAMPLE INDEX

时尚类杂志印刷精美、色彩艳丽、图文并茂，在视觉上非常具有冲击力，具有再现报道内容和场景的特点。如何打造极富感染力的时尚杂志版面效果是本章的重点。

01 时尚版面摆放图片的常用规则
02 控制图片的位置吸引读者注意
03 对角线留白增强版面动感
04 把握轮廓线突显图片形态
05 采用组合的形式整齐摆放图片
06 合理规划图片上的各要素
07 有效控制图片及间距的大小
08 巧妙地摆放图片以调节疏密节奏感
09 通过背景和构图强调版面效果
10 通过大胆的缩放增强版面的吸引力

FOR ONE
虚实的图片对比打造鲜明的杂志个性

利用写真图片与绘画图片间的虚实对比关系，可使画面展现出有别于传统的个性魅力。在设计当中，有意地拉大图片间的虚实关系，此时画面所呈现出的差异性能够赋予版面另类的扩张力。如下图所示的时尚杂志设计中，设计者刻意将绘画图片与写真图片各置一页，并分别设置为鲜明的明暗对比，画面极富张力，给人视觉上的冲击力。

01 绘画图片　02 写真图片

03 文字板块　04 明暗对比

01 绘画图片

选用单明的蓝色绘画出人物头像，在白色背景衬托下，简明线条的人物形象抽象、生动，富有表现力。

02 写真图片

在画面右页选用满版的写真图片，轻轻跃动的人物形象在黑色背景中显得灵动、轻盈。

03 文字板块

将两端对齐的文字内容划分为段，并以错落的形式编排于版面之中，与绘画图片形成叠加、呼应的效果，版面样式更加灵活、自由。

04 明暗对比

设计者特意将版面的左右页分别设置为对比强烈的白色和黑色，鲜明的明暗对比使版面个性突出。

时尚杂志更加注重版面的独特与个性，因此合理地利用图文之间的相互关系以及装饰物的摆放等，能获得更美观时尚的版面效果。下面例举10个典型的杂志编排方案供读者欣赏。

Example

01

时尚版面摆放图片的常用规则

时尚杂志里通常通过对图片的摆放使视觉效果更直观，将图片放大并适当裁切更能吸引读者注意；文字编排以分栏对齐的方式，使阅读便捷、轻松。

01 放大主要图片吸引眼球

选择代表性强的图片放大后做出血裁切处理，吸引读者的眼球。在图片左侧设计蓝色三角，使其区别于左侧页面。

02 不同对齐方式使页面产生动感

图片的尺寸、间隔、排列方式相同，使页面有序，而将页面上方的图片左对齐，页面下方的图片右对齐，使页面版式产生动感的效果。

03 图片中说明文字左对齐摆放

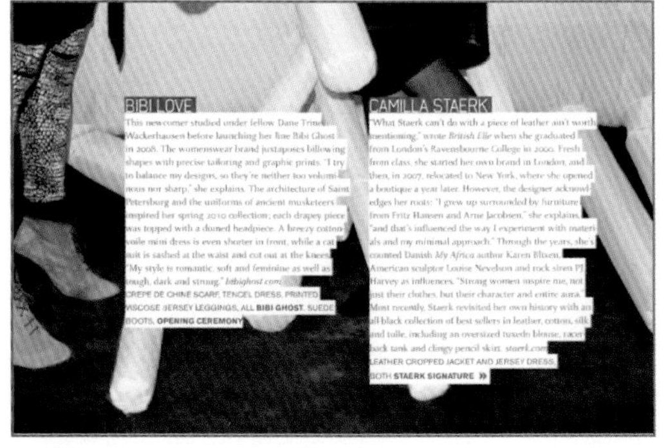

BIBI LOVE

"This newcomer studied under fellow Dane Trine Wackerhausen before launching her line Bibi Ghost in 2008. The womenswear brand juxtaposes billowing shapes with precise tailoring and graphic prints. "I try to balance my designs, so they're neither too voluminous nor sharp," she explains. The architecture of Saint Petersburg and the uniforms of ancient musketeers inspired her spring 2010 collection; each drapey piece was topped with a domed headpiece. A breezy cotton voile mini dress is even shorter in front, while a cat suit is sashed at the waist and cut out at the knees. "My style is romantic, soft and feminine as well as tough, dark and strong." *bibighost.com*

CREPE DE CHINE SCARF, TENCEL DRESS, PRINTED VISCOSE JERSEY LEGGINGS, ALL **BIBI GHOST**. SUEDE BOOTS, **OPENING CEREMONY**

CAMILLA STAERK

"What Staerk can't do with a piece of leather ain't worth mentioning," wrote *British Elle* when she graduated from London's Ravensbourne College in 2000. Fresh from class, she started her own brand in London, and then, in 2007, relocated to New York, where she opened a boutique a year later. However, the designer acknowledges her roots: "I grew up surrounded by furniture from Fritz Hansen and Arne Jacobsen," she explains, "and that's influenced the way I experiment with materials and my minimal approach." Through the years, she's counted Danish *My Africa* author Karen Blixen, American sculptor Louise Nevelson and rock siren PJ Harvey as influences. "Strong women inspire me, not just their clothes, but their character and entire aura." Most recently, Staerk revisited her own history with an all-black collection of best sellers in leather, cotton, silk and tulle, including an oversized tuxedo blouse, racer back tank and clingy pencil skirt. *staerk.com*

LEATHER CROPPED JACKET AND JERSEY DRESS, BOTH **STAERK SIGNATURE** »

图片中说明文字的处理不同寻常，用白色色块做底，文字均左对齐呈现，右侧呈参差不齐的状态，整体上与主体页面协调。

04 左对齐文字使结构富于变化

文字采用左对齐的方式排列，使文字结构富于变化，编排以惯用的分栏方式，方便读者阅读。

Example

02

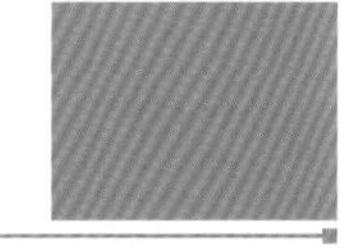

控制图片的位置吸引读者注意

本例运用镜像对称方式改变图片的呈现形式，使版面趣味浓厚，吸引人们的注意。将文字沿图片边缘摆放，并保留适当间距，给人渐强渐弱的节奏感。

01 图片摆放位置吸引注意力

左侧页面中，将图片摆放在相对居右靠近对页的中心位置，恰是视线的聚焦点，利于吸引读者的关注。

02 镜像对称使版面富有趣味性

左、右两页的图片连在一起，使图片效果产生趣味性的变化，图片的形式和色彩增强视觉冲击力。

03 设计图文间距及形状以增强节奏感

在版面中将文字沿着图片边缘摆放，合理保留适当的间距，产生渐强渐弱的节奏感。

04 利用留白使图片得以完美展现

版面上方大面积的留白扩展了版面空间，减少版面压迫感，让图片得以完美展现。

Example

03

对角线留白增强版面动感

本例利用平行四边形的几何形态排列图片，形式非常整齐，巧用对角线留白增强版面的运动感，创新文字摆放形式增强信息内在联系。

01 采用平行四边形形态排列图片

在版式中心利用平行四边形的几何形态排列图片，强化了人物动态。

02 对角线留白增强动感

在页面的左下角和右上角分别设计一些留白，呈现一定的对称性，增强了版面的运动感。

03 改变文字摆放形式以增强内在联系

将图片里的说明性文字用左对齐和右对齐的方式配置，形成靠拢的趋势，增强了信息的内在联系。

04 将文字统一放置于图片上

为了强调信息的紧密性，将所有文字信息都配置于图片之上，改善了图片的关系，增强了版面的整体感。

Example

04

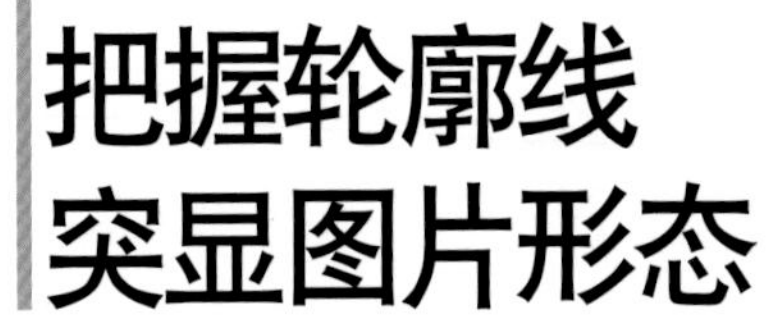

把握轮廓线突显图片形态

本例在图片的边缘增加了一层亮边修饰，使其变得精致动人，选取独立图像有序地进行排列，使整个版面显得干净、整洁。

01 把握轮廓线突显形态

物品自身的形态结构很漂亮，为了在版面中将它们完美地呈现出来，借助剪裁让轮廓线突显形态。

02 修饰图片边缘使图片更精致

在图片的边缘增加一层亮边修饰，使图片更加精致动人，突出巧妙的精细做工，吸引眼球。

03 统一设置独立图像

在版面中选取了没有背景的独立图像，按照一定节奏进行放置，使版面显得干净、整洁。

04 调节各要素的空间距离使版面层次丰富

通过调整版式中各个要素的相对空间距离，丰富了版面的层次，增强了透气感。

Example

05

采用组合的形式整齐摆放图片

本例统一配置取材方向相近的图片突出整体感，在文字底层增加一层透明效果的矩形，使文字与图片浑然一体，设计的三块留白区域增强版面的透气性。

01 组合配置的图片整齐统一

将图片统一成相等面积组合并置，显得整齐统一，更突出图片取材的一致性。

02 取材方向近似体现一致性

图片取材的方向极其相近，表现出强烈的一致性，充分强调了版式的整体感。

03 利用透明矩形糅合图片与文字

在文字底层增加一层透明效果的矩形，让图片内容隐隐地透出来，使文字与图片浑然一体。

04 设计留白使版面增强透气性

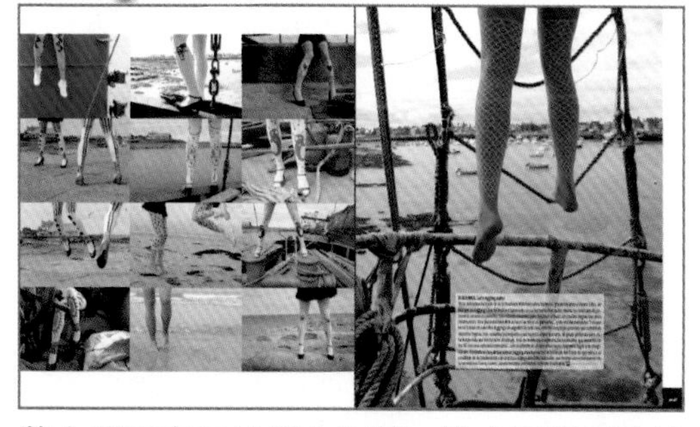

整个版面有三块留白区域，改变了版面的结构形式，大大增强了版面的透气性。

Example

06

合理规划图片上的各要素

本例运用彩条带调节照片的纵深空间产生的不安情绪，使版面变化更加丰富，配置黑底蓝字信息，调节了整体色彩关系，表现出一种深度魅力。

01 留白调节版面平衡

将单张图片基本铺满版面，给人带来直观的印象，页面右侧的留白处理起到调节版面平衡的作用。

02 彩条和文字摆放使页面变化丰富

运用彩条调节照片的纵深空间产生的不安情绪，彩色条纹和标题文字的摆放使版面变化更加丰富。

03 数字摆放改变黑色衣服的单调感

数字编排在黑色衣服内，改变了黑色给人的单调、生硬感，使人物变得柔和起来。

04 黑底蓝字强调深度

在图片右侧边缘配置了黑底蓝字信息，调节了整体色彩关系，表现出一种深度魅力。

Example

07

有效控制图片及间距的大小

本例通过改变图片本身及图片之间距离的大小，突出节奏感，编排灰色块整合色彩信息，利用方形配置版面的各要素，使版面显得端正、严谨。

01 改变图片及图片间间距的大小突出节奏感

通过改变图片本身及之间距离的大小，使页面自然地呈现出节奏感。

02 色块编排起到整合色彩信息的作用

页面中灰色色块的编排增强了版面结构的变化性，整合了色彩信息。

03 整齐编排文字紧扣时尚主题

采用左对齐分栏的方式编排文字，且形式紧扣时尚主题，使变化的版面平衡稳定。

04 利用方形配置各要素

统一矩形设置图片，利用底色色块分割文字整体，使版面给人端正、严谨、整洁的印象。

Example
08

巧妙地摆放图片以调节疏密节奏感

本例根据图片本身的拍摄角度，有规律地进行摆放，强调秩序性，在相同的节奏中加入不规则的要素塑造视线焦点，吸引注意，最后在不断变化的形态中设置少量的文字信息充实版面。

01 利用拍摄视角表现秩序

根据拍摄角度有规律地摆放物品，呈现前后关系，表现强烈的秩序性。

02 摆放方向不同塑造视线焦点

将物品无规则地摆放，在相同的节奏中加入不同的要素，自然地产生视线焦点，吸引注意力。

03 调整图像大小变化疏密节奏

通过调整图像的大小关系，使视觉空间发生微妙的变化，表现时疏时密的节奏感。

04 利用少量文字充实版面

在形态各异的图片中增加少量的文字，使版面变得充实，增强了整体版面的表现力。

Example

09

通过背景和构图强调版面效果

本例将独个的物品按照设计所需进行组合创新，摆放美丽造型吸引视线，白色背景衬托物品，使之变得自然、真实，突出形式美，增强版面透气感。

01 单独呈现强调疏密关系

将重要的物品单独呈现，表现一种简约感，强调信息的疏密关系。

02 组合物品创新构图形式

将独个的物品按照设计所需进行组合创新构图，以美丽的造型吸引视线。

03 用背景颜色制造透气感

用白色的背景来衬托物品，物品轮廓清晰，使版面显得自然、真实，且增强版面透气感。

04 利用字体颜色变化表现律动感

(LEFT TO RIGHT, TOP TO BOTTOM) GERANIUM POUR MONSIEUR, **EDITIONS DE PARFUMS FREDERIC MALLE**. LA NUIT DE L'HOMME EAU DE TOILETTE, **YVES SAINT LAURENT**. CKFREE FRAGRANCE, **CALVIN KLEIN**. SAFFRON AMBER AGARWOOD CARDAMOM, **KORRES**. ANTHOLOGY 1 LE BATELEUR PERFUME, **D&G**. LE MALE EAU DE TOILETTE, **JEAN PAUL GAULTIER**. ANTAEUS POUR HOMME EAU DE TOILETTE, **CHANEL**. COACH FOR MEN FRAGRANCE, **COACH**. AQUA POUR HOMME, **BULGARI**. LIFE THREADS PLATINUM FRAGRANCE, **LA PRAIRIE**. ARABIAN WOOD EAU DE PARFUM, **TOM FORD**. O2 OWARI, **ODIN**. VINTAGE BLACK EAU DE TOILETTE, **KENNETH COLE**. HESPERIDES EAU DE PARFUM, **FRESH**. L'EAU D'ISSEY POUR HOMME EAU DE TOILETTE, **ISSEY MIYAKE**. BACK TO BLACK APHRODISIAC, **KILIAN**. GREEN EAU DE PARFUM, **BYREDO PARFUMS**. ALFORD & HOFF CLASSIC EAU DE TOILETTE, **ALFORD & HOFF**

ART DIRECTOR: **CHRISTOPHER MOZSARY**; FASHION EDITOR: **GREGORY WEIN**; FASHION ASSISTANT: **LAURA PEACH**

在文字信息中适当地改变字体颜色的深浅，呈现轻重变化，产生律动感，调节阅读压力。

举一反十

版式设计诀窍

Example 10

通过大胆的缩放增强版面的吸引力

本例采用缩放的方式强调图片限量版特性，将物品一大一小地展现，引导阅读顺序，突出商品的简约与高贵。

01 大胆缩放强调物品特性

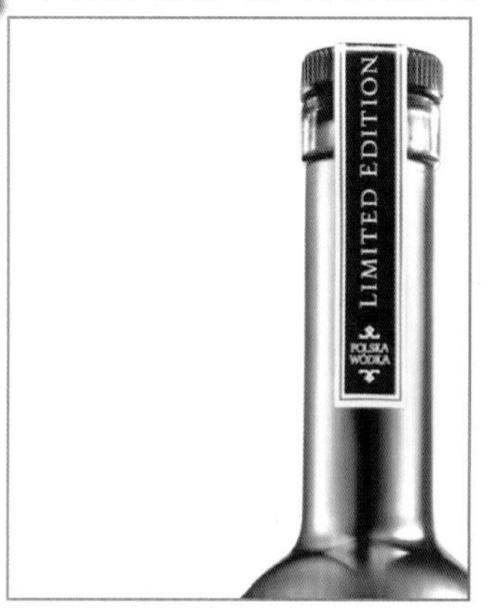

通过对图片的大胆缩放，强调此款伏特加的特性——限量版发行，以这样的方式吸引读者眼球。

02 全貌呈现使阅读更明晰

将商品全貌展现，能够让读者非常清晰、全面、细致地了解商品信息。

03 简约搭配突出特质

将商品的全貌和重点局部对比呈现，突出伏特加造型设计的简约、尊贵。

04 利用大小对比控制读者的阅读顺序

图片中物品一大一小地展现，自然地引导读者阅读顺序，突出主题。

我的版式设计心得

My Experience Of Layout Design

I think layout design is...

情报资讯类刊物的版式设计

情报资讯类刊物版面，多是为了给读者呈现出清晰、易读、丰富的万千信息。如何有机地组合大量信息，专业地呈现版面内容，吸引读者阅读，是本章要解决的问题。

01 设计左右页面的对称感

02 以整齐的表格来规整图文

03 利用留白制作出便于阅读的版面

04 灵活运用主题插图作为装饰

05 让读者一目了然的版面设计

06 琳琅满目的卡片版式效果

07 以序列的数字作为吸引目光的元素

08 使用彩块化的形式打造整体印象

09 用不同色块整理资讯，以首字母控制视线顺序

10 以严谨、端庄的风格设计版面

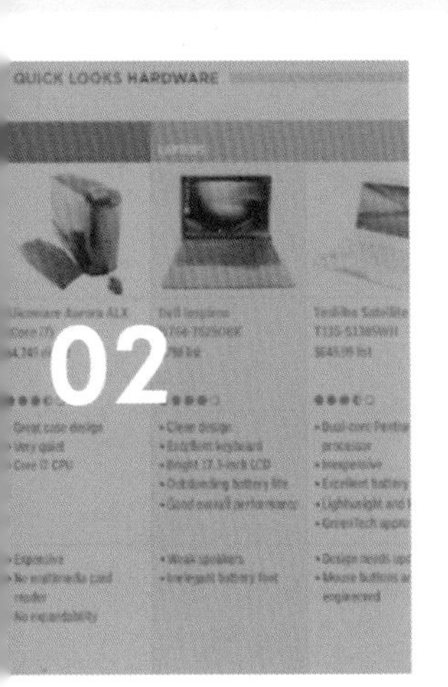

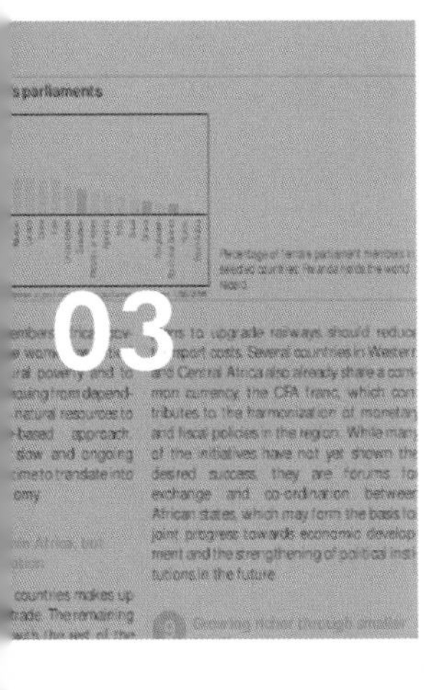

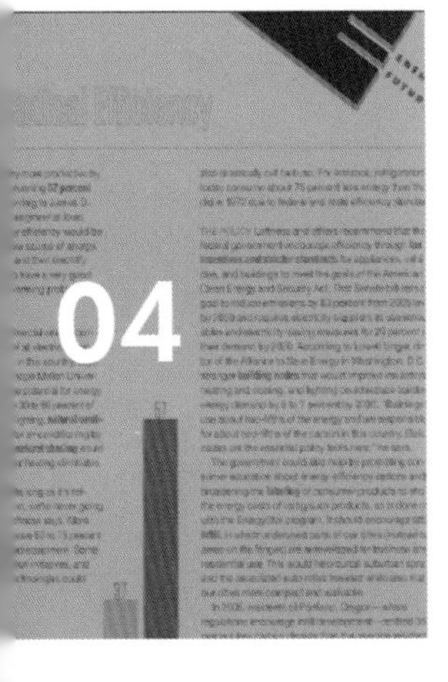

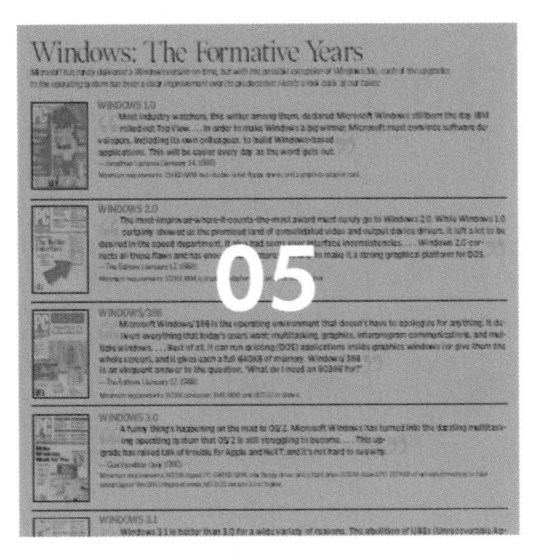
Windows: The Formative Years

Magazines 2005

FOOD NEWS

Gourmet Hot List

H&H's top 10 food trends

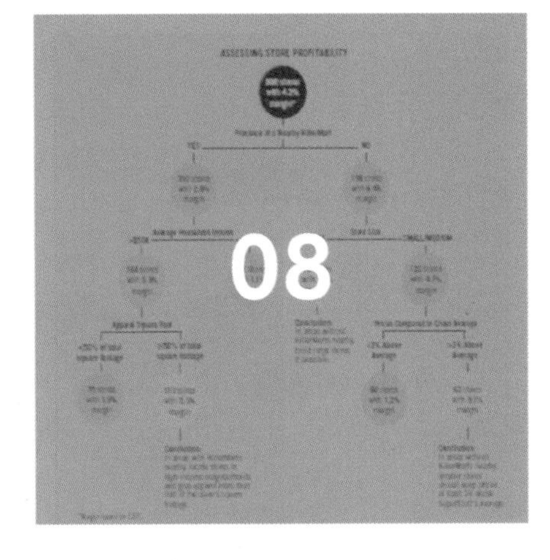

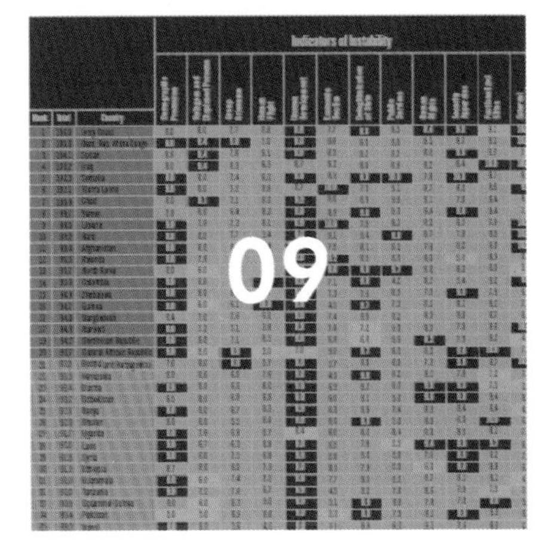

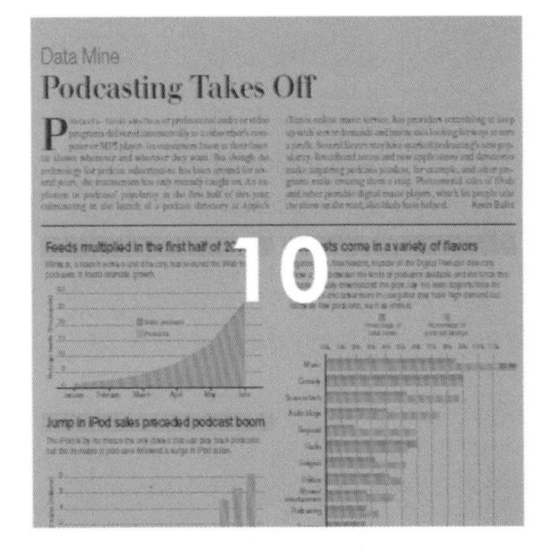
Data Mine

Podcasting Takes Off

FOR ONE
巧用单一色调点缀页面内容

情报咨询类版面多以丰富的图文配置为主，具有大量的信息含量，版面饱满但却干练。特别是以产品为主的页面中，为配合产品较为单一的色彩造型，版面也通常以简练的无彩色调为主，其目的主要是表现产品专业、务实的品质。实际上，若是在大量无彩色中加入少量的单一色调，既能保证版面的干练性，又能起到一定的装饰作用。如下图所示的数码产品页面设计中，便融入了高纯度的红色，为整个版面增添了些许的活力与亮点。

Labtest A4 inkjet printers

Canon PIXMA iP4200 — 75%

Canon PIXMA iP5200R — 72%

Epson Stylus Photo R220 — 90%

Epson Stylus Photo R320 — 87%

HP Photosmart 8050 — 83%

HP Photosmart 8250 — 80%

"Compared to some of the A3 inkjet exotica, most A4 printers stick with the six-ink line-up"

"Pretty much any photo will fade in the sun, but inkjet photos have a bad habit of disappearing"

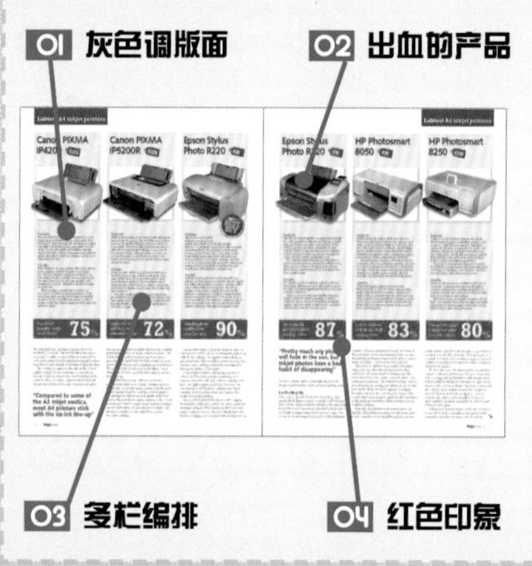

01 灰色调版面

为配合打印机的灰色外壳，整个页面在设置上也选用中低明度的灰色调，保证了页面的统一与协调性。

02 出血的产品

将产品形象以出血的形式倾斜地置于固定的框架中，跳脱出的产品得以最大限度地展现。

03 多栏编排

将版面中的图文以六栏的分栏方式进行平均分配，根据型号和特征进行分栏编排的产品及文字说明更能便于人们对资讯的掌握。

04 红色印象

选用高纯度的红色做亮色，将页面中的标题、主题文字衬托而出，既起到了提醒作用，又能增强页面美观度。

由于情报咨询类版面信息量较大，因此在设计中存在一定的难度。在下面列举的10种有关该类版面的案例分析中，便提供了多种行之有效的编排方式，供读者参考、借鉴。

Example

01

设计左右页面的对称感

本例将所有标题与副标题的字号、色彩分别统一设置，强调结构的整齐性，把版面划分成四个区域，其中所有的资讯都采用相同的处理方式，使版面明净、协调。

字号和色彩统一的标题

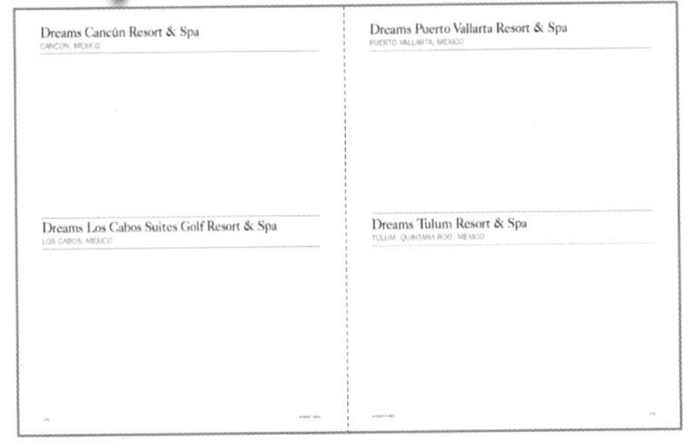

所有的标题和副标题分别使用相同的字号和色彩，使版面从结构上整齐统一。

用相同色块统一资讯信息

使用相同的色块统一资讯信息部分的文字信息，使版面形式美观一致。

03

图文信息占相同大小的版面空间

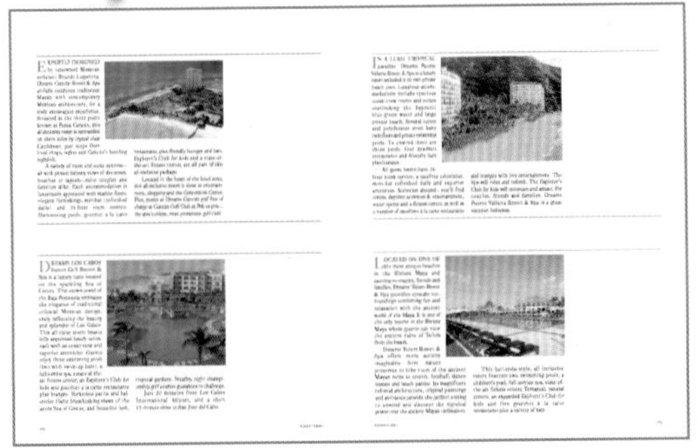

图片和文字统一摆放在相同大小的单元格内，左右页面变得对称、平衡。

04

图文处理使用相同方式使页面统一

版面划分成四个区域，所有信息都采用相同的处理方式，使整个版面明净、工整。

Example

02

以整齐的表格来规整图文

本例为了规整、清晰地呈现大量图文内容，采用了多栏对称式网格平衡版面，并将图片依次并排摆放，方便读者阅读；还利用色块的间隔变化，表现节奏感。

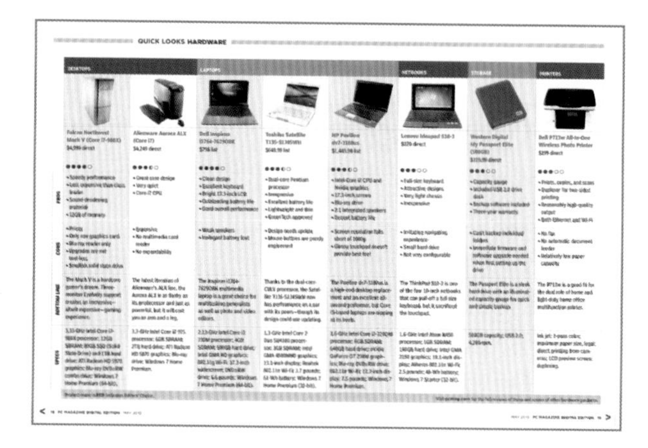

采用多栏对称式网格平衡版面

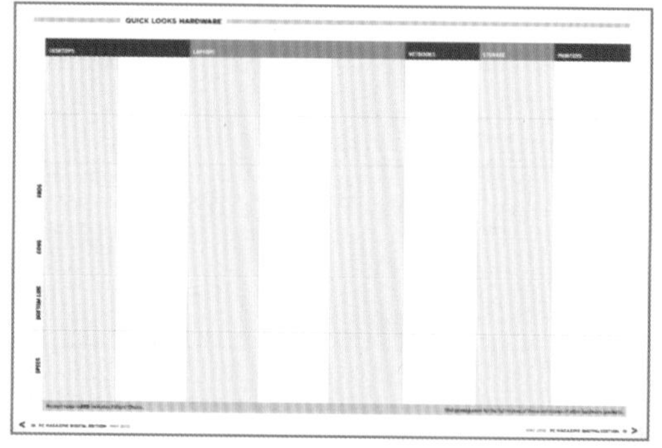

为了使信息量较大的图文内容在版面中显得规整、清晰，采用多栏对称式网格平衡版面。

图片依次摆放方便读者阅读

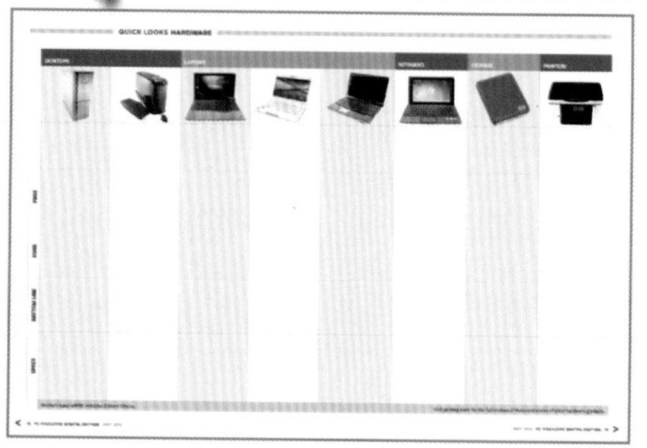

将图片依次并排摆放在版面的最上方，使图片集中而不失变化，且方便读者比较和阅读。

文字左对齐使版面规整

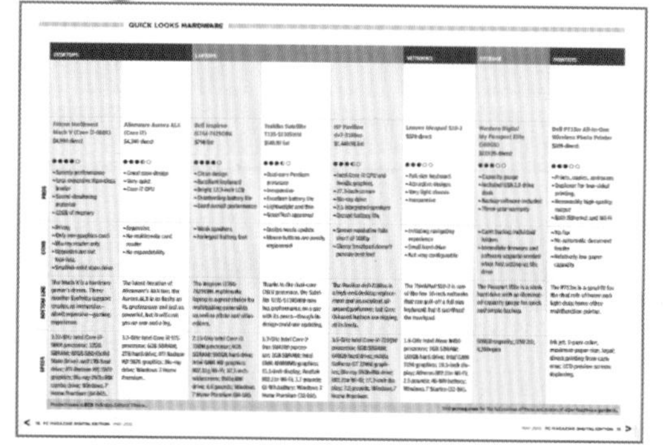

使用不同的字体颜色区分不同文字内容，使读者视线清晰，采用左对齐的排版方式，使版面显得规整且空间层次丰富。

利用色块间隔变化突出节奏感

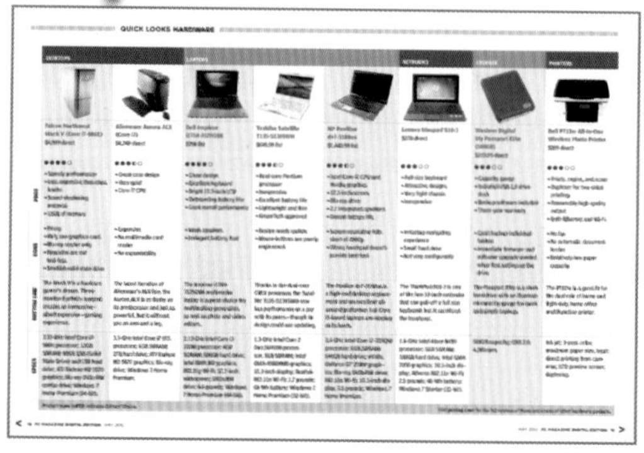

采用不同的颜色块区分不同的信息，色彩时有时无有序地变化着，表现出强烈的节奏感。

Example

03

利用留白制作出便于阅读的版面

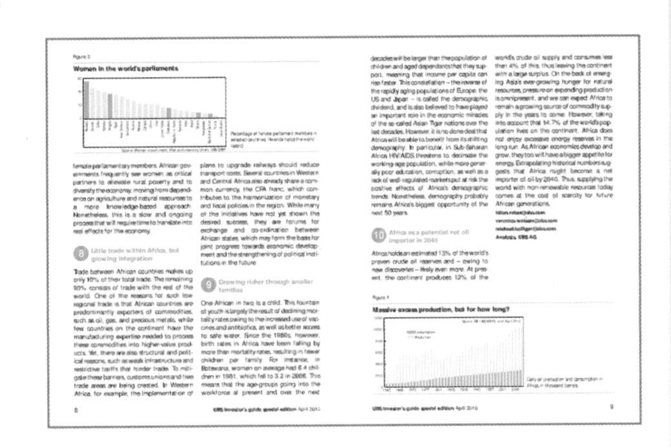

本例为了给读者创造轻松的阅读空间，重点考虑版面的留白设计；再运用同色系突出标题，带来清爽感；而左右页面的文字位置相反配置，强调错落感。

01 通过留白呈现繁简变化

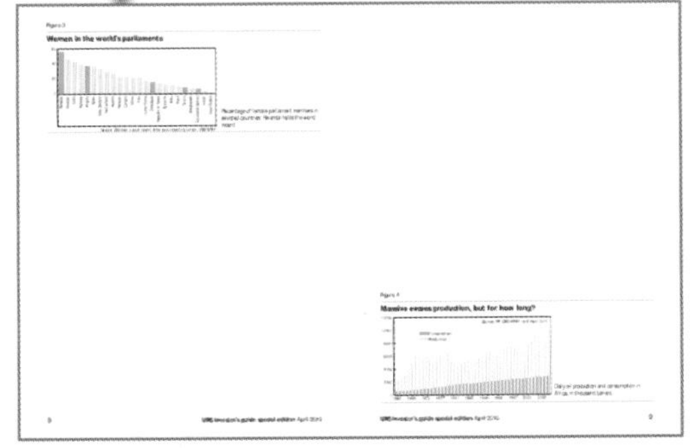

图表旁的留白设计，使大信息量的版面形式发生变化， 形成局部的繁简对比，且协调统一。

02 运用同色系强调清爽感

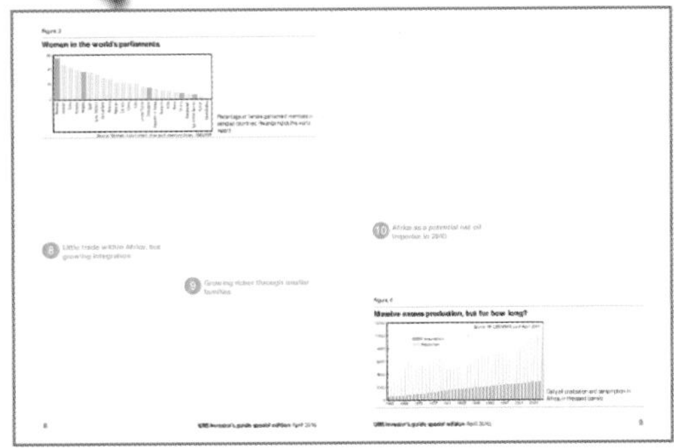

版面中需要突出的标题文字，运用同色系的颜色，给读者带来清爽的感觉。

03 左右页面文字位置相反强调错落感

左右页面的文字位置相反配置，使版面整体结构上下交错变化，带来错落感。

04 整体留白设计扩展视觉空间

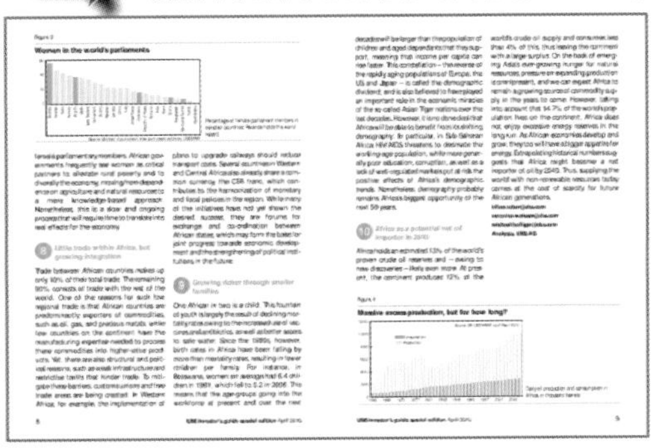

从整体上考虑留白空间，使视觉空间得以充分扩展，让读者轻松阅读。

Example
04

灵活运用主题插图作为装饰

本例根据文字内容的需要用蓝色线形插图辅助说明，更直观地表现主题，利用图表条形块表现起伏感，使版面更加富有韵律。

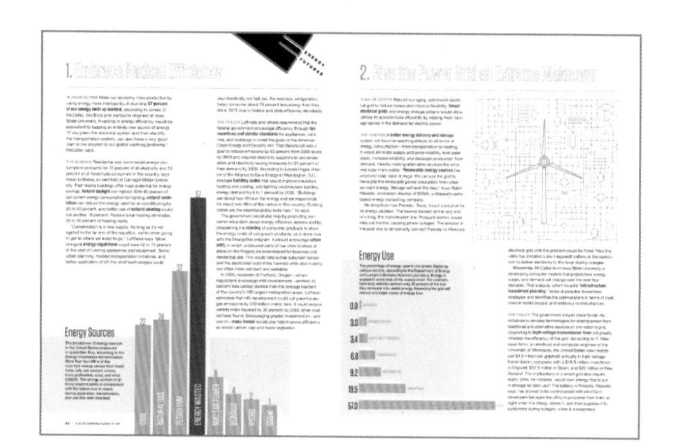

01 运用线形插图表现主题

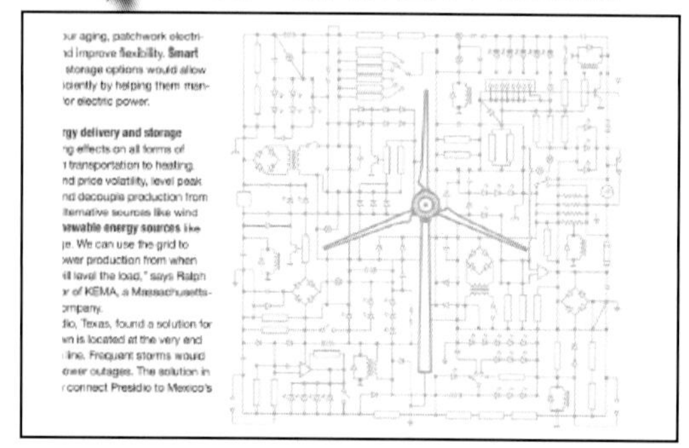

根据文字内容的需要，运用蓝色的线形插图辅助说明，更直观地表现了主题内容。

02 图表条形块表现起伏感

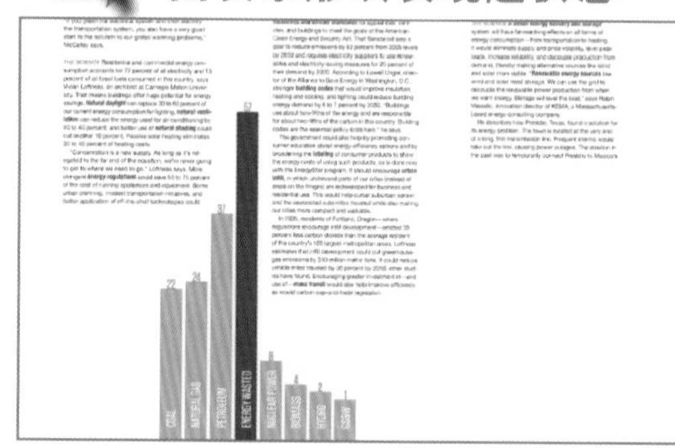

在版面中，参差不齐的条形块表现出起伏感，使版面更富有韵律。

03 色块的穿插强调前后关系

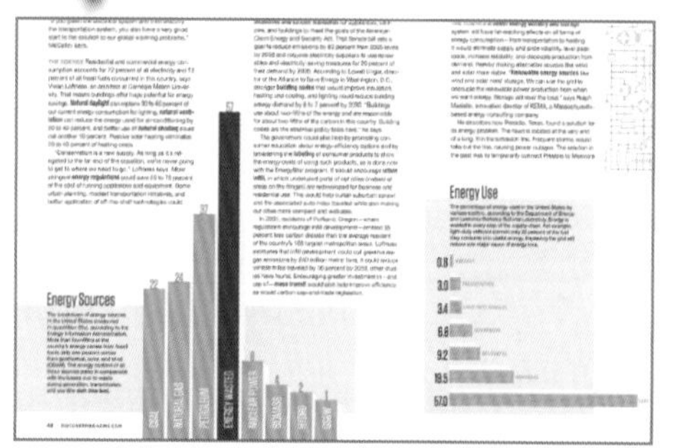

在图表与文字底层增加一层横向的蓝色矩形，形成横纵穿插形式，强调出前后空间关系。

04 不完整图片调节色彩关系

在版面的最上方设计者特别设计了不完整的图片，其颜色起到调节整个版面配色的作用。

Example

05

让读者一目了然的版面设计

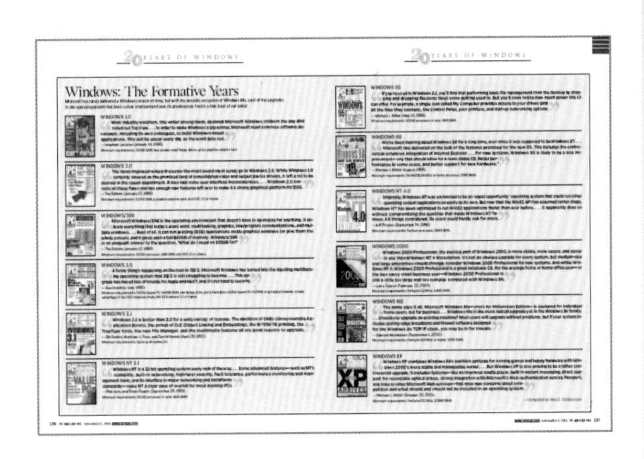

本例在背景上采用浅色矩形，使版面变得稳定、平衡，并且将矩形上的所有信息均采用左对齐的方式进行布局，使版面显得结构整齐、大方有序。

01 利用矩形强调版面平衡性

在背景上采用浅色矩形，用线条平分每一部分的图文内容，使版面变得稳定、平衡。

02 左对齐配置相同大小的图片

图片大小一致，采用左对齐的方式摆放，编排整齐、有序，起到统一页面效果的作用。

03 运用小标题提示阅读

WINDOWS 2.0

The most-improved-where-it-counts-the-most award must surely go to Windows 2.0. While Windows certainly showed us the promised land of consolidated video and output device drivers, it left a lot t[illegible] desired in the speed department. It also had some user interface inconsistencies. . . . Windows 2.0 corrects all these flaws and has enough new features left over to make it a strong graphical platform for DOS.

—The Editors (January 12, 1988)

Minimum requirements: [illegible] RAM, a graphics adapter card, and DOS 3.0 or higher.

WINDOWS/386

Microsoft Windows/386 is the operating environment that doesn't have to apologize for anything. It [illegible]livers everything that today's users want: multitasking, graphics, interprogram communications, and m[illegible]tiple windows. . . . Best of all, it can run existing [DOS] applications inside graphics windows (or give them [illegible] whole screen), and it gives each a full 640KB of memory. Windows/386 is an eloquent answer to the question, 'What do I need an 80386 for?'

—The Editors (January 12, 1988)

Minimum requirements: 80386 processor, 1MB RAM, and DOS 3.1 or above.

WINDOWS 3.0

A funny thing's happening on the road to OS/2. Microsoft Windows has turned into the dazzling multit[illegible]ing operating system that OS/2 is still struggling to become. . . . This upgrade has raised talk of trouble for Apple and NeXT, and it's not hard to see why.

—Gus Venditto (July 1990)

Minimum requirements: 80286-based PC: 640KB RAM, one floppy drive, and a hard drive. 80386-based PC: [illegible] of extended memory to take advantage of the 386 Enhanced mode, MS-DOS version 3.1 or higher.

WINDOWS 3.1

Windows 3.1 is better than 3.0 for a wide variety of reasons. The abolition of UAEs (Unrecoverable [illegible]plication Errors), the arrival of OLE (Object Linking and Embedding), the WYSIWYG printing, the [illegible]

每一部分图文内容均配置红色小标题，起到提示阅读的作用。

04 矩形上各要素均左对齐

将浅色矩形上的所有信息统一采用左对齐的方式进行布局，使版面显得大方、美观有序。

Example

06

琳琅满目的卡片版式效果

本例在标题文字的底部设计多条平行的横线条，使标题更富有韵律感，多种杂志封面图片如卡片般随意地摆放，再配以信息文字，使版面内容丰富，具有更高的可读性。

01 利用多条横线装饰标题

在标题文字的底部特别设计了多条平行的横线条，使标题富有韵律感。

02 利用折线突显内容，强调动感

在版面周围增加折线进行配置，突显了版心内容，也增强了页面的动感。

03 将多张图片随意摆放

将众多的图片作看似随意地摆放，产生强烈的运动感使页面饱满丰富。

04 选取多种杂志信息使版面内容丰富

将杂志信息进行有机的组合排列，使版面内容丰富，具有很高的可读性。

Example

07

以序列的数字作为吸引目光的元素

本例在版面中间配置数字，利用大小的起伏变化体现韵律感，图片沿数字摆放，使信息更清晰地呈现，且富有节奏。

FOOD NEWS

Gourmet Hot List

H&H's top 10 food trends

by CLAIRE TANSEY

1 EAT CLEAN
This is the year of fresh ingredients. Be sure you choose the "cleanest" ones possible. Think homegrown vegetables, ethically raised meat and sustainably farmed fish, flavoured with nothing more than salt and pepper.

2 CHEAP CHIC CANAPÉS
Tuna tartare served on a potato chip? Hard economic times are bringing such innovation into restaurant kitchens—brilliant, delicious and easy to recreate at home.

3 GOURMET STREET EATS
Canadian cities are taking quick eats to new heights with pop-up eateries like Montreal's Muvbox, which serves fresh lobster rolls in its chic mobile resto.

4 BLACK PEPPER
The treasured everyday seasoning is spicing up desserts like panna cotta and meringue. Grind it over pineapple before grilling or whipped cream to serve with fresh berries.

5 CURLY PARSLEY
No longer a lowly garnish, this herb is now the star of high-end cuisine; chefs favour its intense flavour over flat-leaf parsley. Try sliced roast beef with curly-parsley pesto.

6 DECONSTRUCTED DESSERT
Instead of serving a slice of Black Forest cake, take it apart and serve mini chocolate cakes doused in chocolate sauce with cherries and whipped cream.

7 OTTAWA
The capital is undergoing a foodie renaissance. Don't miss elegant farm-to-fork meals at Murray Street in the Byward Market and stellar breads from True Loaf.
True Loaf Bread Company, (613) 697-7724.

8 CHEESE & PASTRY
Remember apple pie served with a slice of cheddar? This year the combination goes gourmet by pairing artisanal cheese with fine pastry. Try a tangy semi-aged goat cheese like Bucheron with a caramel tart.

9 BROWN BUTTER
Turn unsalted butter into a richly caramelized wonder ingredient (known as beurre noisette) simply by melting and gently toasting it. Use it to elevate dishes like mashed potatoes or pound cake.

10 CLAY ACCESSORIES
Table-ready clay bakers are replacing clunky electric crock pots. Just soak the bowl, add ingredients and slow cook in the oven.
Royal VKB slow cooker, $90, through Groams. Call 1-866-306-3672 for retailers.

H&H JANUARY 2010

 序列数字吸引读者

在版面中间配置数字，并存在大小的起伏变化，犹如音符一般呈现在空间里，吸引眼球。

02 图片随着序列数字摆放

图片随着序列数字摆放，序号具有引导读者视线的作用，让版面信息清晰而有节奏。

 序列号与图片穿插设计

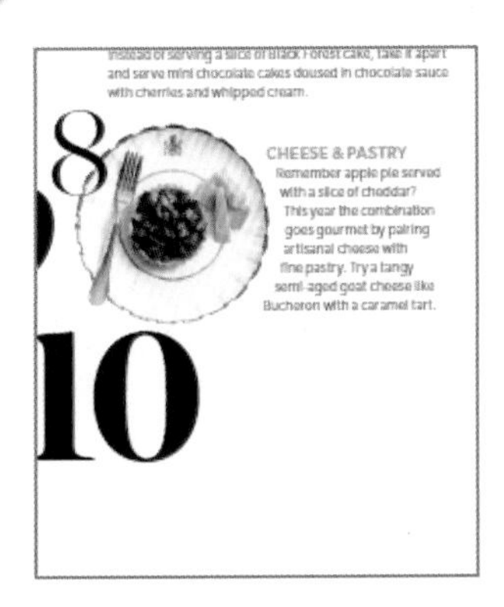
Instead of serving a slice of Black Forest cake, take it apart and serve mini chocolate cakes doused in chocolate sauce with cherries and whipped cream.

8

CHEESE & PASTRY
Remember apple pie served with a slice of cheddar? This year the combination goes gourmet by pairing artisanal cheese with fine pastry. Try a tangy semi-aged goat cheese like Bucheron with a caramel tart.

10

将图片与数字穿插进行设计，呈现疏密有致的节奏感，起到调节版面形式的作用。

 文字沿图片和序列号轮廓摆放

将文字沿图片和序列号的轮廓摆放，充分反衬出图片与数字，且强调了一种韵律感。

Example

08

使用彩块化的形式打造整体印象

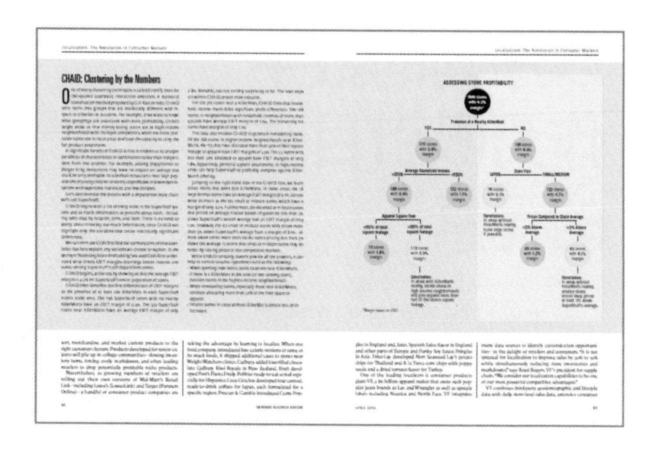

本例运用黄色块增强视觉冲击力，起到了统一图文信息的作用；采用黄底黑字的形式突显标题，使用圆形设计图表简单、清楚地呈现信息。

运用色块打造版面的整体印象

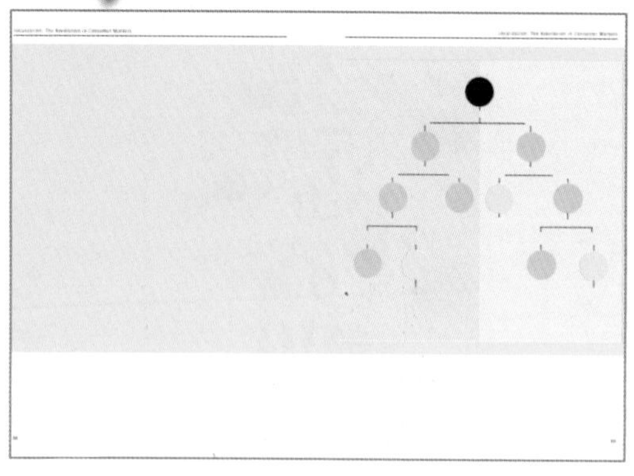

黄色色块的运用，使版面具有强烈的视觉冲击力，也起到了统一图文信息的作用。

02 黄底黑字突显标题

CHAID: Clustering by the Numbers

One of many clustering techniques is called CHAID, short for chi-squared automatic interaction detection. A statistical classification method proposed by C.V. Kass in 1980, CHAID sorts items into groups that are statistically different with respect to criterion or outcome. For example, if we want to know what groupings are associated with store profitability, CHAID might show us that money-losing stores are in high-income neighborhoods with multiple competitors, while the most profitable stores are in rural areas and have the capacity to carry the full product assortment.

A significant benefit of CHAID is that it enables us to analyze the effects of characteristics in combination rather than independent from one another. For example, adding playgrounds to Burger King restaurants may have no impact on average but could be very profitable in suburban restaurants near high populations of young children and very unprofitable in downtown locations with expensive real estate and few children.

Let's demonstrate the process with a department store chain we'll call SuperStuff.

CHAID begins with a list of every store in the SuperStuff system and as much information as possible about each – including sales data by location, time, and item. There is no need to worry about entering too much information, since CHAID will highlight only the variables that create statistically significant differences.

We can then use CHAID to find the combinations of character-

2.8%. Sensible, but not terribly surprising so far. The next ... anywhere CHAID proves most valuable.

For the 310 stores near a KillerMart, CHAID finds that h... hold income levels drive significant profit differences. Th... stores in neighborhoods with household incomes of more ... $50,000 have average EBIT margins of 3.9%. The remainin... stores have margins of only 1.1%.

The data also enables CHAID to generate remodeling ... Of the 188 stores in higher-income neighborhoods near ... Marts, the 113 that have allocated more than 50% of their s... footage to apparel have EBIT margins of 5.3%. The 75 stores ... less than 50% allocated to apparel have EBIT margins of ... 1.8%. Apparently, plentiful apparel assortments in high-in... areas can help SuperStuff to profitably compete against ... Mart's offering.

Jumping to the right-hand side of the CHAID tree, we ... about stores that don't face KillerMarts. In those areas, t... large format stores have an average EBIT margin of 9.1%, a... twice as much as the 122 small or midsize stores, which h... margin of only 4.2%. Furthermore, the 60 small or midsize s... that priced an average market basket of groceries less th... above SuperStuff's overall average had an EBIT margin o... 1.2%. However, the 62 small or midsize stores with prices ... than 3% above SuperStuff's average have a margin of 8.... most seven times more than the 60 stores pricing less th... above the average. It seems that small or midsize stores m...

采用黄底黑字的形式且放大文段首字母突出标题和文段的初始位置，引导阅读视线。

使图表信息一目了然

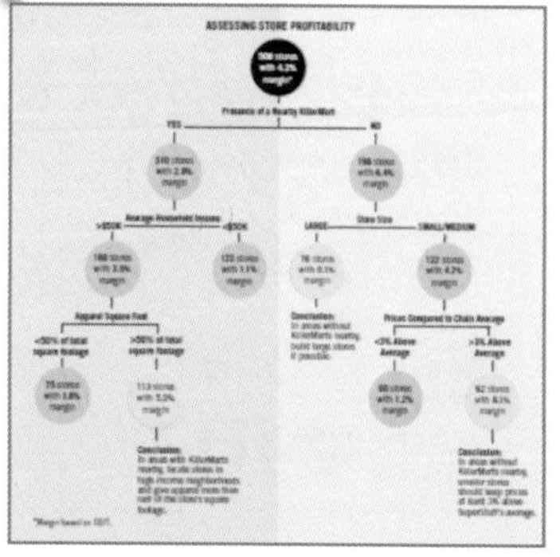

采用圆形设计竖轴式图表，简单、清楚地呈现出要点，给读者一目了然的效果。

采用相同的排版方式统一对页文字

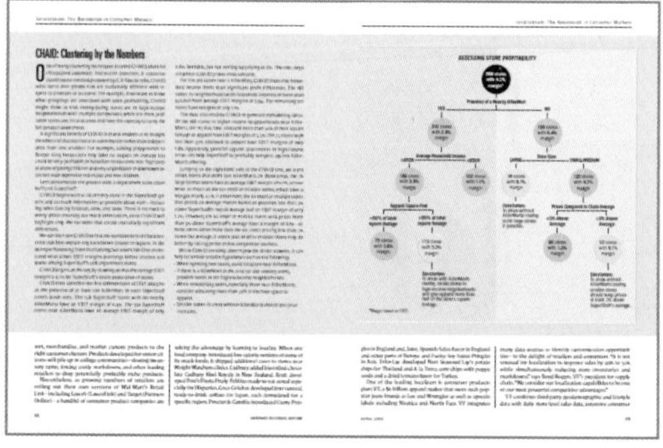

将左右两个页面下方的文字采用相同的排版方式，呈现出对称性，使版面规整、统一。

Example

09

用不同色块整理资讯，以首字母控制视线顺序

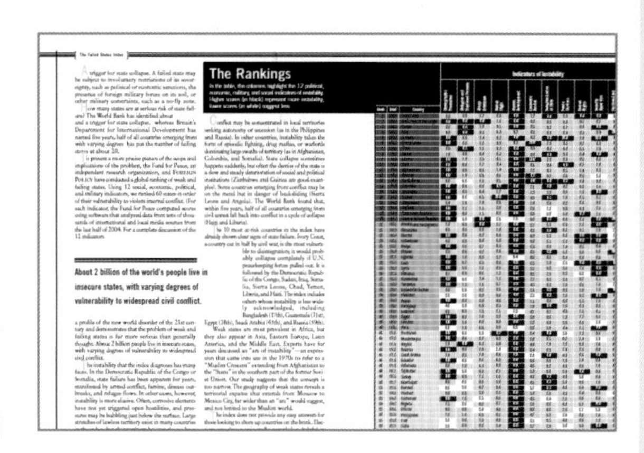

本例运用表格来罗列数字信息，并设置彩色块方便读者阅读。标题用黑色底块作背景，起到连接版面内容的作用，段首首字母放大，变色处理显得清晰醒目，从而引导阅读顺序。

01 用彩块化的方式整理资讯

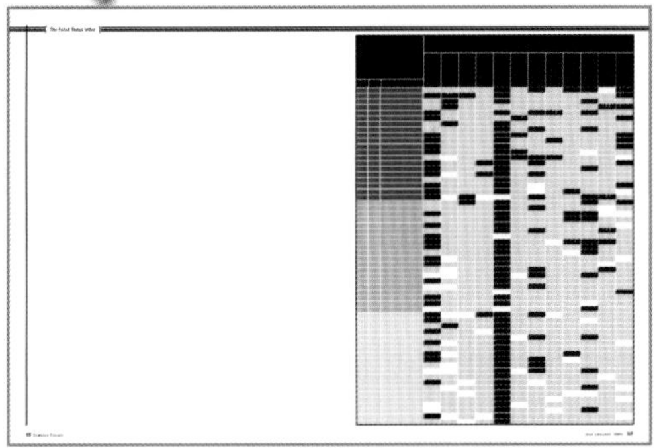

运用表格来罗列数字信息，使用彩块整合数字信息，使繁杂的数字信息井然有序，方便读者阅读。

02 标题背景色块的妙用

The Rankings

In the table, the columns highlight the 12 political, economic, military, and social indicators of instability. Higher scores (in black) represent more instability, lower scores (in white) suggest less.

Conflict may be concentrated in local territories seeking autonomy or secession (as in the Philippines and Russia). In other countries, instability takes the form of episodic fighting, drug mafias, or warlords dominating large swaths of territory (as in Afghanistan, Colombia, and Somalia). State collapse sometimes happens suddenly, but often the demise of the state is a slow and steady deterioration of social and political institutions (Zimbabwe and Guinea are good examples). Some countries emerging from conflict may be on the mend but in danger of backsliding (Sierra Leone and Angola). The World Bank found that, within five years, half of all countries emerging from civil unrest fall back into conflict in a cycle of collapse (Haiti and Liberia).

标题运用黑色的色块作背景，衔接上右边页面的黑灰色表格，可以起到连接两边页面内容的作用。

03 活用红色突出重点文字

为了突出页面的重要文字信息，选择红色和较大的字号进行配置，突出文字的重要性。

04 运用首字母分隔文段信息

ure? The World Bank has identified about and a trigger for state collapse. whereas Britain's Department for International Development has named five years, half of all countries emerging from with varying degrees has put the number of failing states at about 20.

To present a more precise picture of the scope and implications of the problem, the Fund for Peace, an independent research organization, and FOREIGN POLICY have conducted a global ranking of weak and failing states. Using 12 social, economic, political, and military indicators, we ranked 60 states in order of their vulnerability to violent internal conflict. (For each indicator, the Fund for Peace computed scores using software that analyzed data from tens of thousands of international and local media sources from the last half of 2004. For a complete discussion of the 12 indicators

Conflict may be concentrated in local territori seeking autonomy or secession (as in the Philippin and Russia). In other countries, instability takes th form of episodic fighting, drug mafias, or warlor dominating large swaths of territory (as in Afghanista Colombia, and Somalia). State collapse sometim happens suddenly, but often the demise of the state a slow and steady deterioration of social and politic institutions (Zimbabwe and Guinea are good exar ples). Some countries emerging from conflict may l on the mend but in danger of backsliding (Sier Leone and Angola). The World Bank found tha within five years, half of all countries emerging fro civil unrest fall back into conflict in a cycle of collap (Haiti and Liberia).

The 10 most at-risk countries in the index hav already shown clear signs of state failure. Ivory Coas a country cut in half by civil war, is the most vulner ble to disintegration; it would pro ably collapse completely if U.N peacekeeping forces pulled out. It followed by the Democratic Repu

将段落首字母的字号放大，用蓝色区分于其他文字，有效地分隔其他文段，其醒目而有序的效果控制着视线的浏览顺序。

Example 10

以严谨、端庄的风格设计版面

本例运用网格编排图文信息，增强秩序性，将对页两端文字对齐，体现资讯的正式性与严谨性，对图表增加虚线，进一步诠释数据信息的变化，提升可读性。

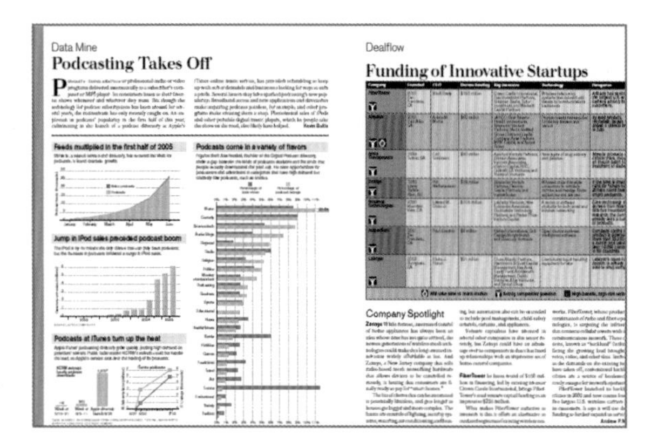

01 运用网格编排图文信息

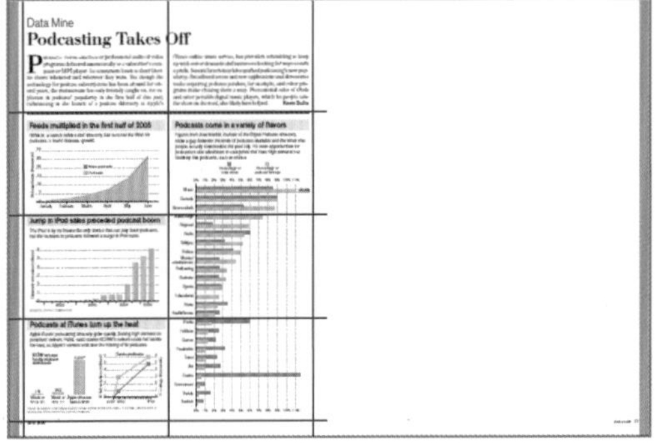

运用网格编排图文信息，使版面中的点、线、面协调一致，充分体现其秩序性。

02 两端对齐文字体现版面的严谨性

文字运用两栏对称式网格和三栏网格，以两端对齐的方式编排，体现出资讯的严谨性。

03 运用同色系统一表格效果

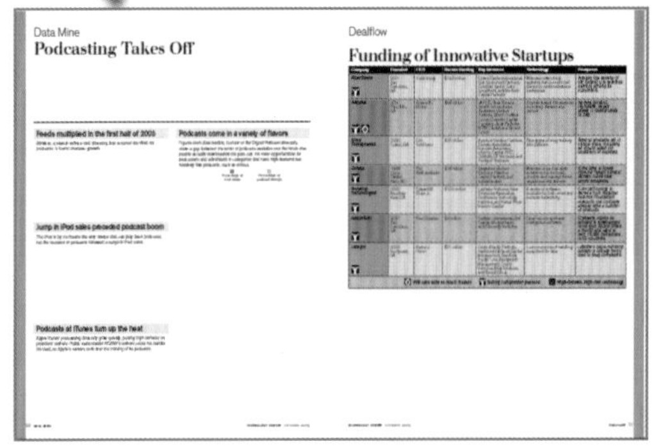

运用同色系统一表格的色彩，再用颜色深浅的变化来区分各项内容，使表格显得端庄而有活力。

04 利用虚线提升图表可读性

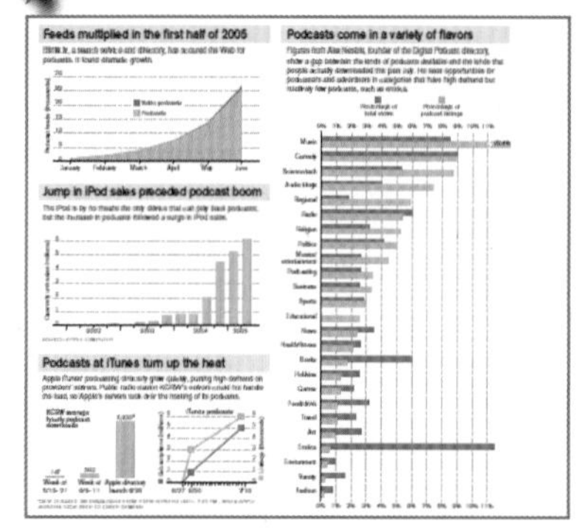

版面中对图表增加虚线，使数据变化更清晰呈现出来，提升了图表的可读性。

我的版式设计心得

My Experience Of Layout Design

I think layout design is...

Contents

Underwater Photography

A web magazine
UwP40
Jan/Feb 2008

Cover shot
by
Alex Kirkbride

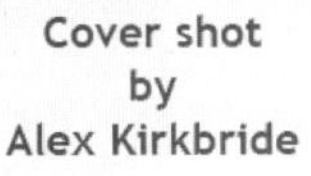

Underwater Photography
2001 - 2008 © PR Productions
Publisher/Editor Peter Rowlands
www.pr-productions.co.uk
peter@uwpmag.com

版面绚丽的宣传单设计

在日新月异的资讯时代，如何尽可能准确、有特色地传递信息，设计出靓丽夺目的宣传单来吸引读者注意，将是本单元需要解决的问题。

01 时尚的汽车资讯宣传单设计
02 时尚多样的手机宣传单设计
03 潮流单品宣传单设计
04 生活用品宣传单设计
05 食品宣传单设计
06 电影宣传单设计
07 音乐宣传单设计
08 节日宣传单设计
09 摄影艺术宣传单设计
10 杂讯对页宣传单设计

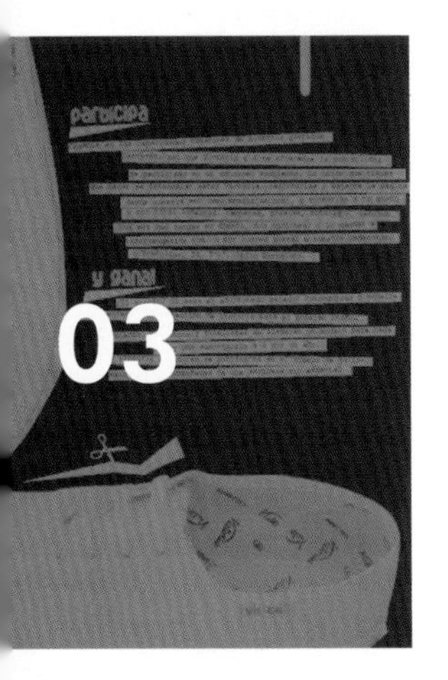

FOR ONE
绚丽多彩的数码产品宣传单设计

在彰显个性、时尚的数码产品宣传单设计中，不妨利用绚丽的纹样以及丰富多彩的色彩做设计，既能体现精美的画面效果，又能表现出数码产品尖端、时尚的品质魅力。如下图所示的产品宣传单设计中，设计者巧用暗色调背景做铺垫，紧接着采用绚丽斑斓的光影与纹样对产品进行装饰，亦真亦幻的画面令人心旷神怡。

01 渐变背景

背景选用带渐变效果的深绿色，在营造深沉、稳重印象的同时，又能给人一种具有生命力的感觉。

02 主题文字

在暗色调背景衬托下，高明度的绿色及橙色文字显得清爽、富有活力，很好地诠释出页面主题。

03 产品形象

将产品实物呈现于画面视觉中心，让观者能够直观地了解产品形象，促使消费行为。

04 绚丽装饰

利用精美的花纹样式及流畅线条对产品实物进行装饰，并结合光影的辅助，使画面更加丰富、美观，表现出时尚又前卫的设计主题。

无论是哪种宣传单的设计，都少不了图文的结合以及开阔的设计思维，只要善于抓住设计要点，便能制作出出色的作品。在下面的10个范例中便从多方面展示了各类宣传单的设计过程。

Example

01

时尚的汽车资讯宣传单设计

本例为了充分展示时尚的汽车信息，在标题底层配置红黑渐变的色块，亮丽、自然的效果提升了版面的时尚感；高光的运用使图片更加精致夺目，吸引读者视线；再配置彰显速度和气势的银色字体，传达出一种驰骋、流畅的惬意感。

01 用渐变底色提升时尚感

在标题底层配置红黑渐变的色块，使其与背景逐渐糅合，亮丽、自然的标题效果有效提升了版面的时尚感。

02 利用高光使图像更加精致夺目

为素材图像加上柔和的高光效果，使图像显得更加精致夺目，且增加了画面的层次感，有效吸引了读者的视线。

03 活用局部视图展示主题

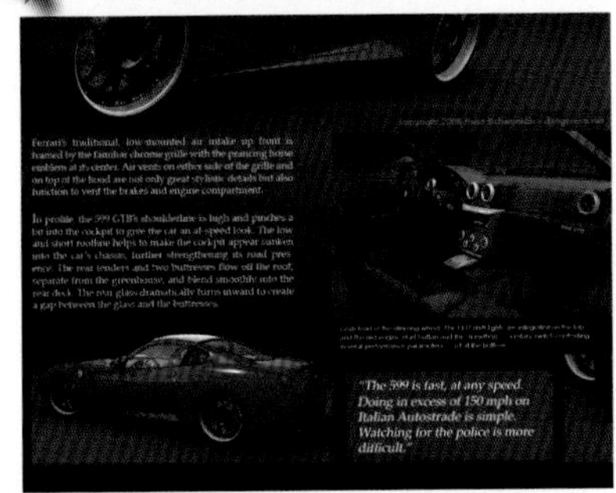

在版面中为了更全面地展示主题，运用汽车局部视图缩小与读者的距离，更清楚、细致地呈现相关信息。

04 银色艺术字体展现速度感

为了突出汽车奔驰的感觉，配置了彰显速度和气势的银色字体，传达出一种驰骋、流畅的惬意感。

Example

02

时尚多样的手机宣传单设计

本例利用高纯度颜色的标题调动读者的激情，使用音符和各色手机造型活跃版面气氛，以白色作为背景，最大限度地衬托彩色信息，缓和各种色彩之间的冲突。

01 高纯度彩色标题调动读者激情

为了强调版式的视觉效果，配置高纯度颜色的标题加强视觉冲击力，调动读者的激情。

02 结合圆框与彩色圆增强层次感

为了增强版式的层次性，将彩色圆形和圆框结合进行配置，其圆润的形态制造出可爱甜蜜的气息，吸引读者注意。

03 跳跃的音符和手机图形增强版面活力

在版面中采用音符的图案作为背景及装饰物，与各色的手机造型穿插配置，增强了版面活力气氛。

04 白色背景衬托鲜艳信息

将背景设置成白色，最大限度地表现出彩色内容，衬托出其鲜艳度，同时也缓和了各种色彩之间的冲突。

Example

03

潮流单品宣传单设计

本例为了形象地呈现主题图片，在图片底层配置方形黄色块，使主题图片更富立体感；采用红、黄、蓝三色作为标题的颜色，使标题更醒目；为了配合轻松、随意的宣传主题，将文字信息镶嵌在规则不整的彩色带中，使版面整体效果协调一致。

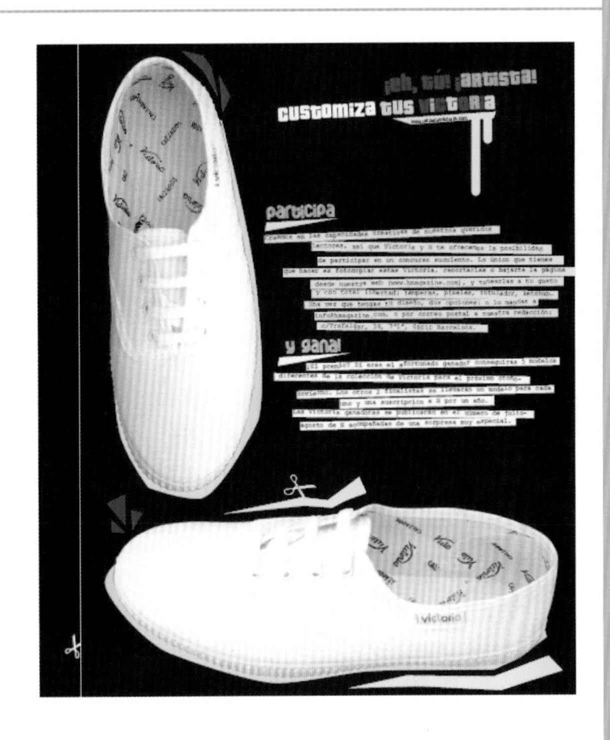

01 以方形黄色块作底色增强立体感

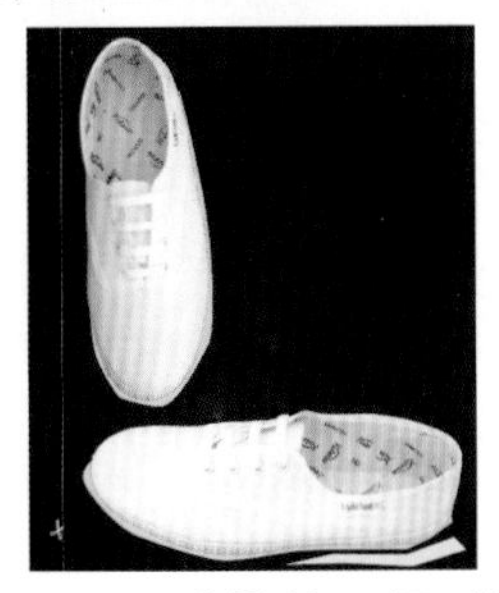

将图片嵌入另一种简单不规则的图形中，更加形象地呈现出主题，使主题显得更加立体。

02 标题统整全体的色彩风格

在黑色的背景上，设计者采用了红、黄、蓝三色，使标题醒目、突出且具有节奏感，此颜色效果也统一了整个版面的色彩风格。

03 黄色文字呈现松散的气氛

将文字内容配置在不同颜色带中，做出不规则的版式效果，为版面整体带来松散的印象。

04 利用红色块提高阅读兴趣

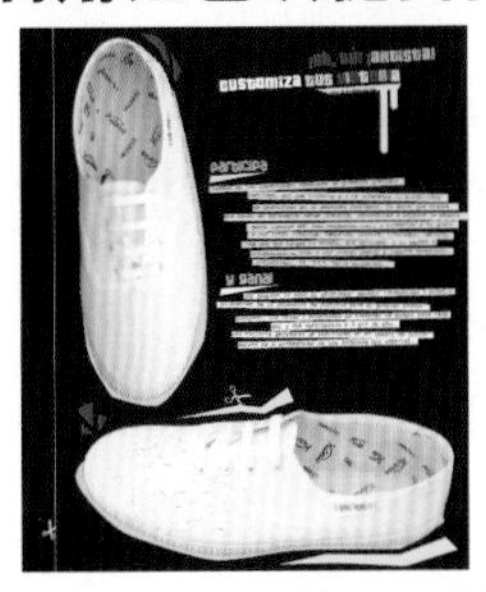

为了配合主题内容，给人深刻印象，设计者加了红色小图，具有指示性和说明性，与标题的色彩相呼应，提高了观者的阅读兴趣。

Example

04

生活用品宣传单设计

本例在绿色背景上选用家居和风景图传达清新舒爽的感觉，在图片内侧制作了透明的遮罩效果呈现玲珑美，并利用轻柔的喷雾效果强调天然、健康的产品信息。

01 利用家居和风景图表现清新舒爽感

在绿色背景上选用了圆形家居风景图居中设置，利用秀美、幽静的景色传达出清新、舒爽的版面印象。

02 利用透明遮罩呈现玲珑美

在图片的内侧表层制作了透明的遮罩效果，使图片更加玲珑、雅致，从而突出主题。

03 喷雾效果

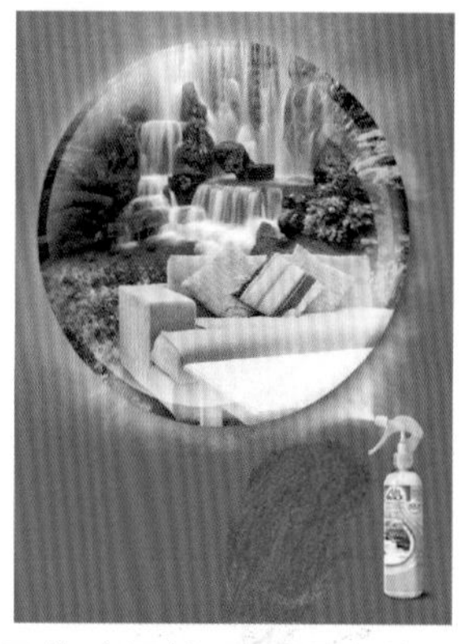

利用轻柔的喷雾效果强调出物品的自然、清爽感，从而传达出一种天然、健康的产品信息。

04 分块合理设计版式

整个版式包含四块信息，经过有机的组合，简洁明了地呈现出资讯内容，给人舒服、宽松的印象。

Example

05

食品宣传单设计

本例利用白色线形设计图形，使版面显得更加明亮、清爽，配置同色系图片的局部造型增强色彩对比，加上曲线边框的修饰，丰富了版面层次。

01 白色线形提亮版面

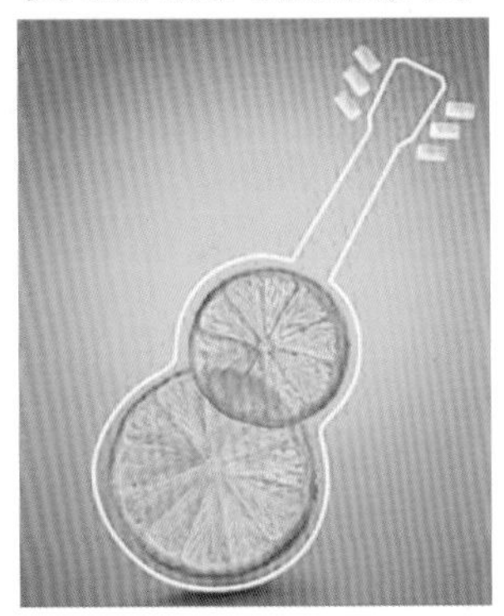

为了强调空间立体感，利用白色线形设计图形，使版面显得更加明亮、清爽。

02 配置同色系图片增强对比

为了突出主题，配置同色系图片的局部造型，增强了色彩对比，传递出雅致、健康的印象。

03 配置流线型文字增强动感

为了强调版式的动感，设计者刻意配置了绿、白两色字体，使无声的文字拥有了生命，制造出放松、愉悦的感觉。

04 设计曲线边框丰富版面层次

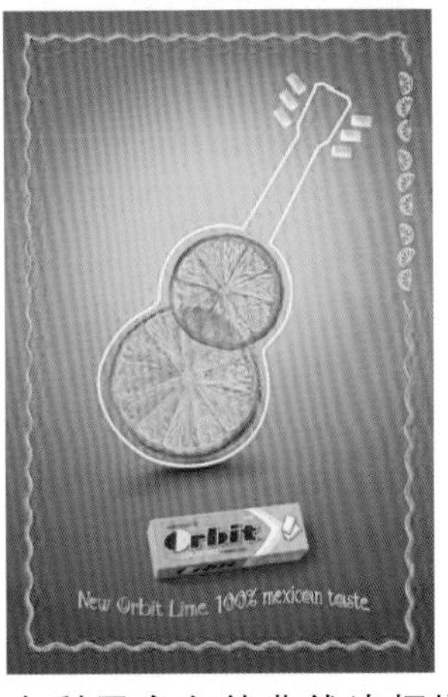

在版面中利用亮色的曲线边框增强层次感，使页面显得更加精致、立体。

Example

06

电影宣传单设计

本例采用红色小圆点调节配色、制造动感，配置蓝色横线来分隔内容使版式整齐、清爽，配置彩色故事性强的图片增加吸引力，

01 利用红色圆点调节配色

在版面中采用了较多红色小圆点呈带状配置，起到协调版式配色的作用，也增强了版面的动感。

02 配置蓝色横线分隔信息

为了合理、整齐地呈现版面信息，配置了蓝色横线来分隔内容，给人清爽、温和的感觉。

03 弱化边角使图片更好地融于背景

为了使主题图片更好地融合于背景，突出版面的整体性，设计者虚化边角的部分，使其很自然地与背景结合在一起。

04 配置故事性图片展示主题

为了更详细地展示主题，在版面中配置故事性强的图片增加吸引力。

Example

07

音乐宣传单设计

本例为了增加情趣，特别设计了写意图形，并利用小插图完善页面信息，使用彩色植物突出强烈的视觉空间感。

01 写意图形调动情趣

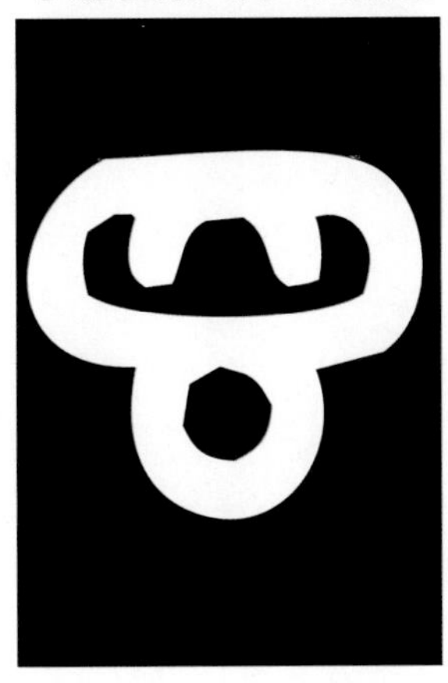

在版面右上角，设计者特别设计了模拟人体感官的图形，构思新颖、巧妙有趣。

02 利用动物突显主题

在文字信息上方加入小鸟图案，虽然微小，容易被忽略，却起到升华主题的作用。

03 采用彩色插图完善版面

在版式的右下角配置彩色插图，与主体图片形成鲜明的对比，使版面的信息更加完善。

04 利用彩色植物表现空间感

利用彩色植物作为人物的背景，两者色形协调统一，呈现出强烈的视觉空间感。

Example

08

节日宣传单设计

本例采用绿色作背景，深红主色配置人物图片，营造喧闹的氛围；为了强调图片的中心作用，将文字信息统一配置于版面最下方，突出主题。

01 浅色镜头光晕效果

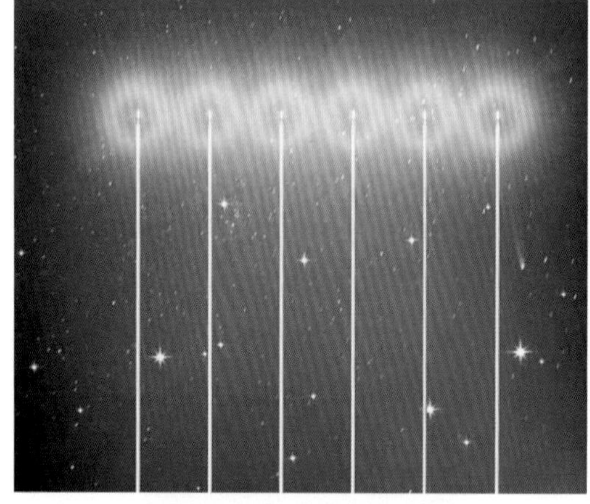

在版面上方横向配置一排浅色的镜头光晕效果图，制造出温暖的感觉，烘托出节日的喜庆气氛。

02 补色对比艳丽逼人

采用绿色作为背景，深红主色配置人物图片使两者形成强烈的对比，营造喧闹的氛围。

03 绿色渐变标题表现活跃性

将标题配置成渐变绿色，清新可爱，给人慢慢呈现的印象，增强了整个版面的活跃性。

04 最下方配置文字突显主题

为了强调图片的中心作用，设计者特别将文字信息都统一配置于版面的最下方，从而突出主题。

Example

09

摄影艺术宣传单设计

本例版面的中心采用特殊视角拍摄的图片强调自然美，并在一排进行横向配置营造出强烈的深度空间，增加的白边强调了图片上下弧线的柔美。

01 采用独特视角的图片强调自然美

版面中心采用了特殊视角拍摄的图片，强调出一种自然美，给人纯粹的感动。

02 将图片横排设计营造深度空间

将所有图片排成一排横向放置于视线的中心位置，营造出强烈的深度空间感。

03 利用白边强调弧度美

在图片上下方增加白边进行强化，突出弧线的柔美，也增强了版面的律动感。

04 组合粗体与线形的字体设计标题

充分组合粗体与线形的字体设计标题，使标题工整得体、主次分明、井然有序。

Example

10

杂讯对页宣传单设计

本例在左侧页面中设置了亮度高的绿色数字刺激引导阅读，通过留白来调节色彩关系，并用绚丽的破形彩色标题吸引思考。

01 设置彩色数字吸引目光

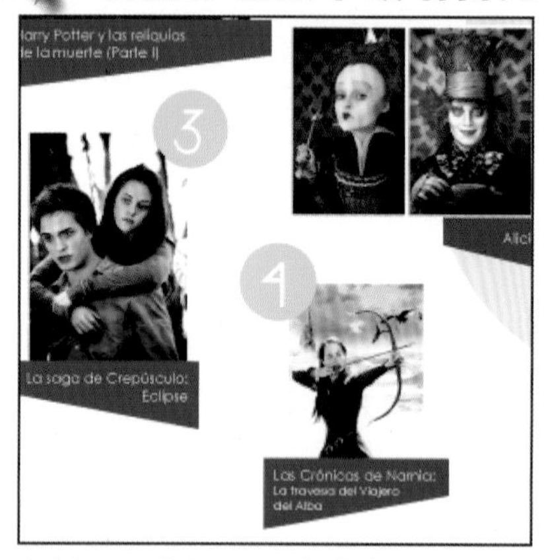

在左侧页面中设置了亮度高的绿色数字来引导阅读顺序，易给人留下深刻印象。

02 糅合不同文化字体丰富信息量

为了丰富版面内涵，糅合了不同文化的字体进行设计，突出锐不可当的时尚潮流气息。

03 利用留白调节色彩关系

整个页面的色彩非常鲜艳，为了减弱视觉压力，利用留白调节配色效果。

04 绚丽的破形彩色标题

在版面上方配置了绚丽的破形彩色标题吸引读者思考，突出表现了整个版面的与众不同。

我的版式设计心得

My Experience Of Layout Design

I think layout design is...

个性笔记本的版式设计

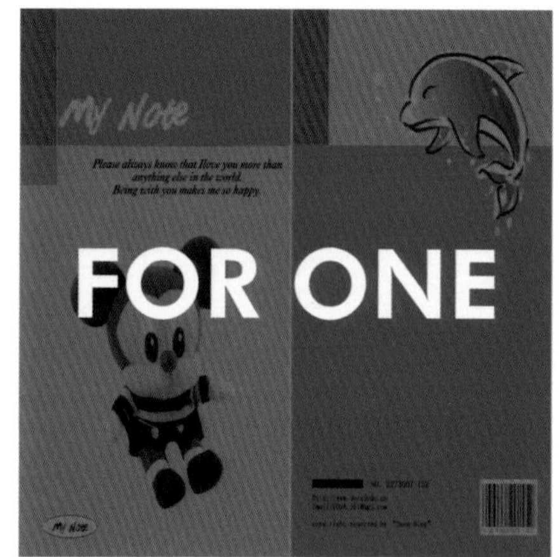

笔记本记录着人们丰富的思想，传达着不同的情感，为了使版式设计更加赏心悦目，在本章中以个性化的版式呈现不同的视觉感受。

01 将图片处理成自然的纸质效果
02 使用手绘的效果突出素材本身的质感
03 运用明快的颜色表现恬静的感觉
04 个性化的拼贴设计
05 采用深褐色表现自然的形象
06 运用糖果色传递活泼的印象
07 使用纹理强调形象
08 使用宽松的版式营造舒适的感觉
09 如日历般的笔记本设计
10 运用金属性材质作为装饰

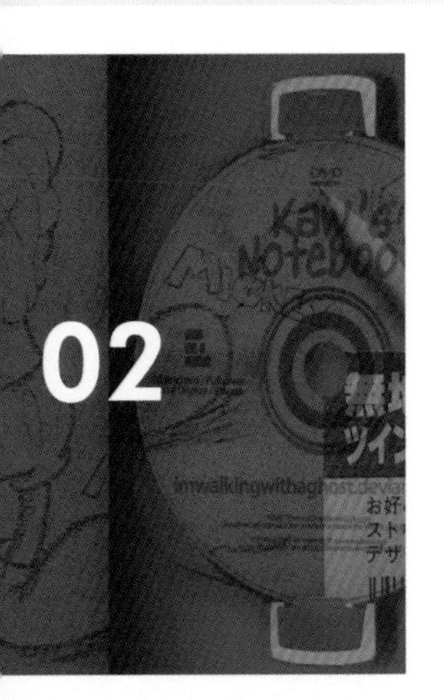

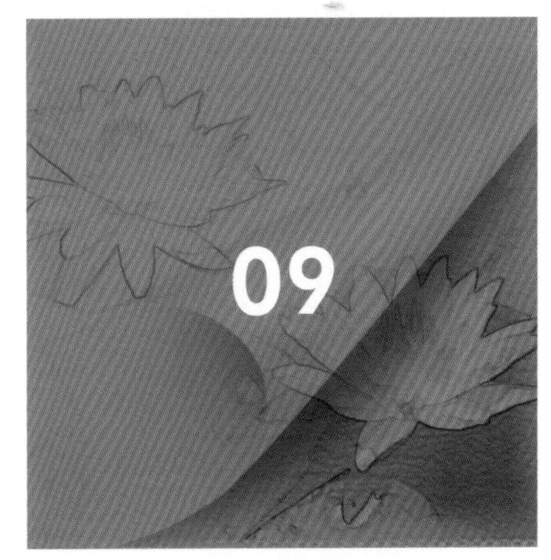

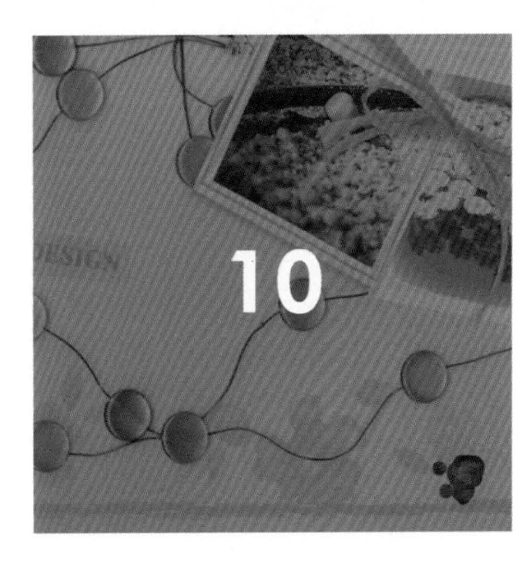

FOR ONE
利用卡通图片及鲜明配色制作儿童笔记本

面向儿童的笔记本设计，版面设计不宜过于稳重、中规中矩。利用儿童熟知的卡通形象做设计，再加上鲜明的色彩配置，可使笔记本呈现出跳跃、活泼的个性，这样的笔记本更能得到孩子的喜爱。在本案例的制作中，便利用可爱的卡通图形做设计，配以互为补色的蓝色及橙色，笔记本的鲜明个性立即呼之欲出。

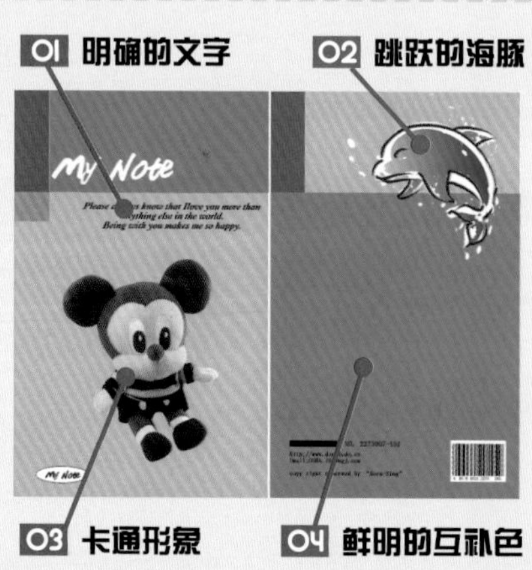

01 明确的文字

选用色彩单一的白色和黑色做文字说明，同时也起到了美化版面的效果。

02 跳跃的海豚

在笔记本底页，一只蓝色的海豚腾空而起，跨越于橙、蓝色的版块之间，将两种色彩很好地衔接起来，同时也增强了版面的跳跃率。

03 卡通形象

将卡通形式特意放大之后，置于笔记本封面的视觉中心位置，这样一来能使目标消费者第一眼便被图片所吸引。

04 鲜明的互补色

整个笔记本在配色上均以互为补色的橙色与蓝色为主，表现出十分活跃、积极的印象。

笔记本的设计应考虑不同消费者的喜好和个性，只有“对症下药”，才能引起目标消费者的注意。在下面列举的10个范例中，分别介绍了多种笔记本的制作效果，供读者参考、借鉴。

Example

01

将图片处理成自然的纸质效果

本例在版面中配置了自然风景图像以增强页面清新感，以文字纸张的翻页效果加强页面灵动性，整体以淡黄色作为主色调给人怀旧的感觉。

01 翻页效果

为了加强版面的灵动性，设计者将配置的文字纸张边角部分稍稍翘起，呈现出翻页的动态效果。

02 利用自然风景图片增强页面真实感

在版面中配置了一张自然的风景图片作为主题图片，通过秀美的景色带给读者欢愉的真实享受，增强了页面的清新感。

03 淡黄色给人怀旧感

整个页面都铺满了一层淡黄的颜色，嵌入单色植物细节，让整体的图案呈现出怀旧气息。

04 利用厚度增强立体空间感

为了强调版式的视觉空间效果，利用笔记本边缘所呈现的深色厚度进行配置，增强了立体感。

Example

02

使用手绘的效果突出素材本身的质感

在版面中，运用手绘卡通图画表现主题，突出了材质的粗糙质感，增强了页面的童趣。为了强调笔记本的功能性，特意配置铅笔，并将主题文字以文字阴影的形式投射到铅笔上，更生动、形象地诠释了主题，加深了版面印象。

01 运用手绘图画突出材质的质感

在版面中运用手绘铅笔效果的卡通图画表现主题，突出了材质的粗糙质感，增强了页面的童趣。

02 配置铅笔和阴影主题文字强调功能性

为了强调笔记本的功能性，特意配置了铅笔以斜向的形式摆放，又将具有阴影效果的主题文字投射于其上，更生动、形象地诠释了主题，加深了版面印象。

03 利用贴纸丰富页面信息

为了增强页面的可读性，配置了贴纸来增加页面的知识信息含量，提高了内容丰富性，吸引读者的阅读兴趣。

04 整齐的边框装订装饰页面

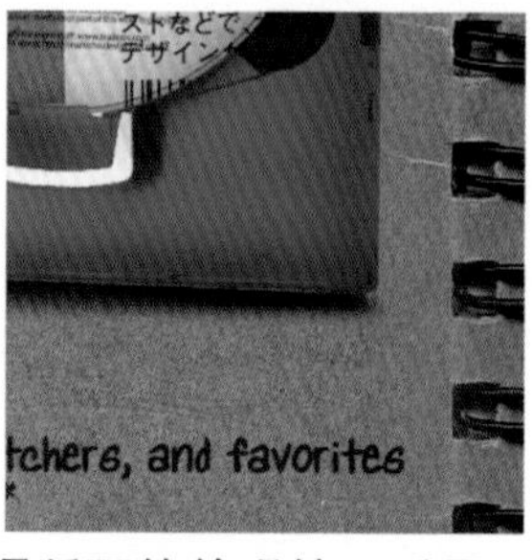

为了强调版面的美观性，采用了整齐的边框装订材质来装饰版面，既方便又具有实用性。

Example

03

运用明快的颜色表现恬静的感觉

在版面中，运用明快的色彩给人恬静的感觉，采用了圆点式的镂空设计，呈现出不同的视觉效果。配置了飞舞的蝴蝶图像，增强了版面的活力。

01 整齐配置方形图片增强图版率

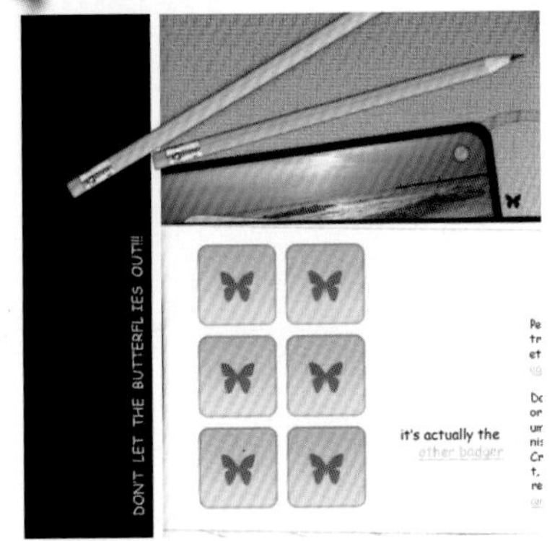

运用整齐配置的方形图片使版面充满热闹的气氛，增加了版面的图版率，增强了整体的视觉效果。

02 别出心裁的镂空设计

在便抄本图片的边缘采用了圆点式的镂空设计，使局部呈现出不同的视觉效果，体现了设计者细腻的思想。

03 配置飞舞的蝴蝶增强活力

为了强调版式的动感，在版面中配置了飞舞的蝴蝶图像，大大增强了版面的活力。

04 利用明快的颜色表现恬静

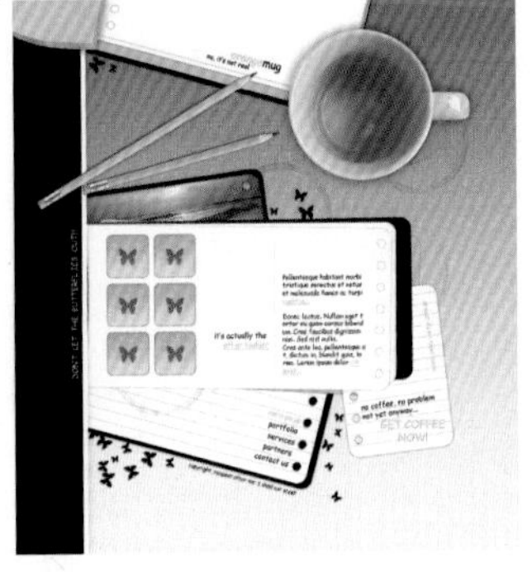

在版面中运用了许多明快、清爽的颜色，表现出一种恬静的感觉，给人留下轻盈、快乐的印象。

Example
04

个性化的拼贴设计

本例在版面的顶部配置了五颜六色的、以动态形式呈现的字体，增强了整体的感染力；采用报纸素材来表现主题，剪纸条纹表现黑白纹理效果，彰显了富有个性的拼贴魅力。

01 以动态的字体增强感染力

在版面的顶部配置了五颜六色的、以动态形式呈现的文字字体，如音符般跃动着，增强了整体的感染力。

02 利用报纸素材体现不同质感

为了强调主题，采用了报纸素材来表现，呈现出不同的材质质感，彰显了个性化的拼贴魅力。

03 运用剪纸条纹表现纹理效果

在版面中运用了一些剪纸条纹表现黑白纹理的效果，增强了版面的动感。

04 利用纹理本身的颜色调节配色

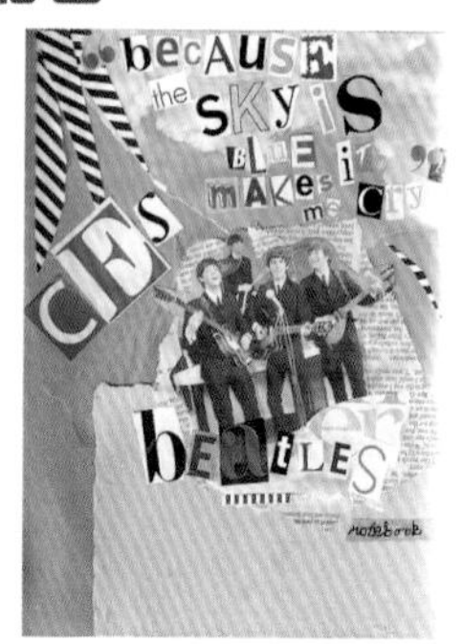

在版面下方利用大面积纹理本身的颜色进行排版，增强了视觉空间感，起到调节版式内容配色的作用。

Example

05

采用深褐色表现自然的形象

本例以深褐色为基调，运用斑驳的底纹景象突出文字，利用具有古香古色的图案花纹表现历史感，配置正方块使版面更工整。

01 斑驳的底纹效果

Man könnte meinen ich würde jede Woche das Design meiner Website wechseln - aber nein! Ich wechsel es nur aller 2 Wochen *lol* Aber mir is das ganz egal, denn ich lieb mein neues Design *__* Passt sehr gut zum Herbst und ich hoffe, dass ich das nu mal etwas länger behalte. Es war eine Herausforderung für mich - die Idee hab ich durchs Scrapbooking bekommen. Ich bastel ja ein Scrapbook für Weihnachten (ich verrat mal nicht mehr, ich weiß nicht, ob eine ganz bestimmte Person aus meiner Familie nicht doch

在背景中采用了斑驳的自然景象的底纹，以感觉复杂的底纹突出整齐的文字，层次清晰、主次分明。

02 利用底层图案表现历史感

在左侧底层采用了具有古香古色的图案花纹进行配置，传达出古典的文化气息，表现了一种沉淀、深厚的历史感。

03 配置正方形表现序列性

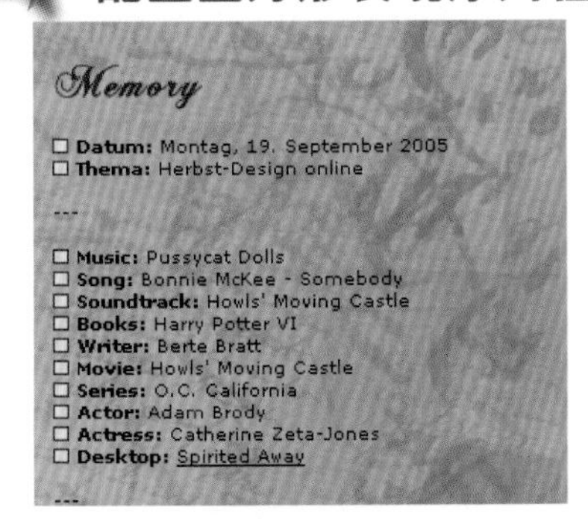

在每行文字的文头都配置了正方形，使版面显得更加工整，体现了强烈的序列性。

04 参差不齐的边框设计强调动感

在版面的左边采用了参差不齐的边框设计，与蝴蝶的飞舞动态相和，大大增强了整个页面的动感。

Example

06

运用糖果色传递活泼印象

本例为了强调标题的视觉中心效果，采用白色来调节配色，版面中只采用圆形元素进行设计，并通过多种绚丽色彩的糖果色传递活泼、快乐的笔记本印象。

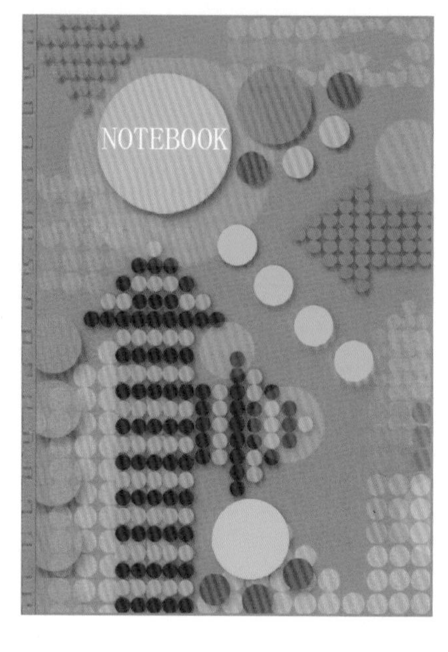

01 配置白色标题调节配色

为了强调标题的视觉中心效果，特别运用白色文字突出主题，并能够起到调节版面配色的作用。

02 利用同一色相制造韵律感

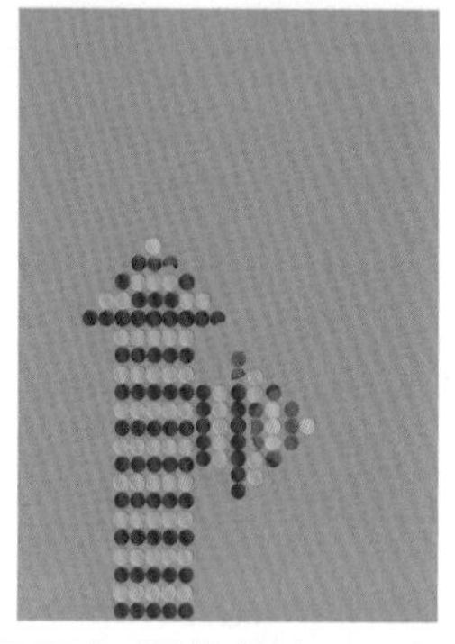

利用两种不同色调的蓝色圆形图案无间隙地排列设置图形，创造出一种韵律感，活跃中包含着沉稳与清新雅致感。

03 利用圆形统整版面

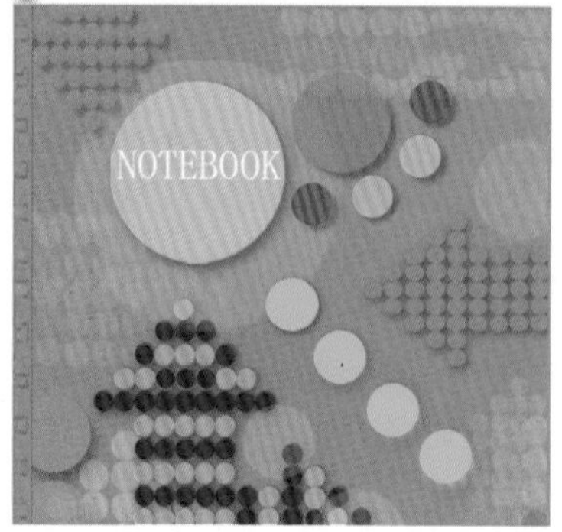

全版只采用圆形元素进行设计，通过多种配色与造型表现明快、欢乐的感觉。

04 采用绚丽的糖果色传递活泼印象

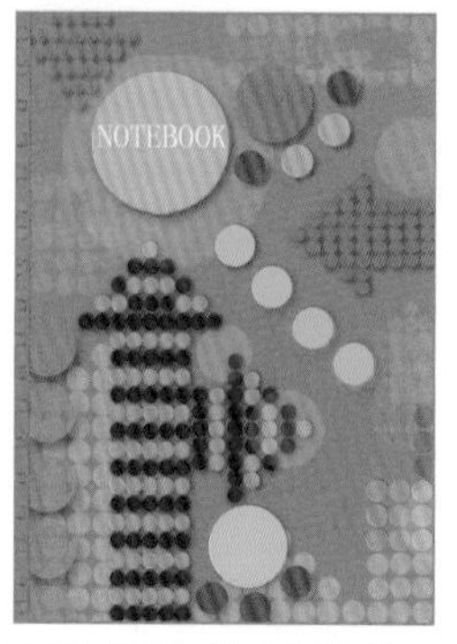

整个版面运用多种绚丽的糖果色传递活泼、快乐的印象，烘托出热闹、愉悦的气氛。

Example

07

使用纹理强调形象

在版面中，运用密集的小方块纹理突出图片的质感，配置手写体标题，加深页面的亲切感，重复小图案，增强版面的感染力。

01 配置手写体标题加深亲切感

为了突出笔记本的朴实性，将标题设计成手写字体，给人亲切的感觉，使页面充满活力。

02 重复配置小图案增强情趣

在左侧页面中通过重复配置小图案加深图片的感情色彩，增强页面的感染力和亲和力。

03 运用图片量的对比突出动感

在版面中通过图片量和排列形式的对比呈现，突出动感效果，吸引读者视线。

04 运用纹理突出图片质感

整体运用密集的小方块纹理制造出笔直的道道沟壑，突出图片的质感，给人真实的印象。

Example

08

使用宽松的版式营造舒适的感觉

在版面中，配置了线条柔美的图案来赋予版面朝气，主题性文字设计得饱满、可爱，而以淡绿色的底纹作为背景，宽松的版式营造出舒适的笔记本效果。

01 运用柔美图案表现活力

在版面的左侧页面配置了线条柔美的图案作为装饰，赋予了空旷版面活力、朝气感。

02 配置主题字体丰富版面

NOTEBOOK

在主体图案的下方配置了主题性的文字，字体饱满、可爱，使较空的版面变得丰富起来。

03 配置横线使版面更饱满

在版面中配置了最常见的横线，整齐、大方的横线使版面显得更加饱满。

04 利用自然的配色营造舒适感

笔记本采用了绿色系的配色，容易使人产生舒适之感。

Example

09

如日历般的笔记本设计

本例仿日历设计，顶部打孔营造悬挂式的立体感；在版面的中心运用透明的卷页效果图来表现主题，加强了版面的生动性；背景配置了如下雨般的动态图，烘托出一种诗意的氛围。

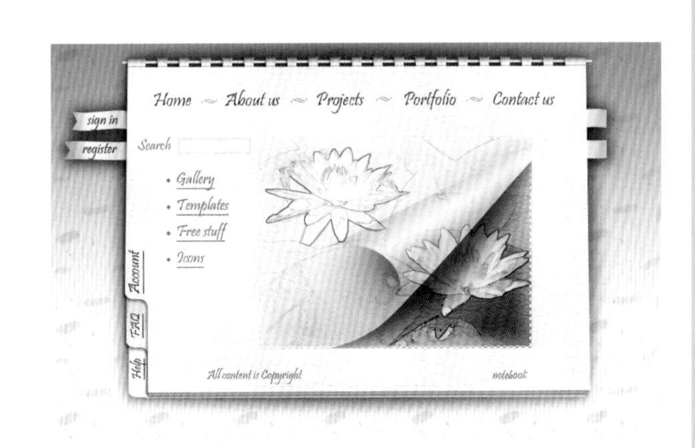

01 打孔装饰作用

在笔记本的顶部打孔进行装饰，以悬挂式的造型设计表现立体感，提高实际使用的方便性。

02 卷页效果

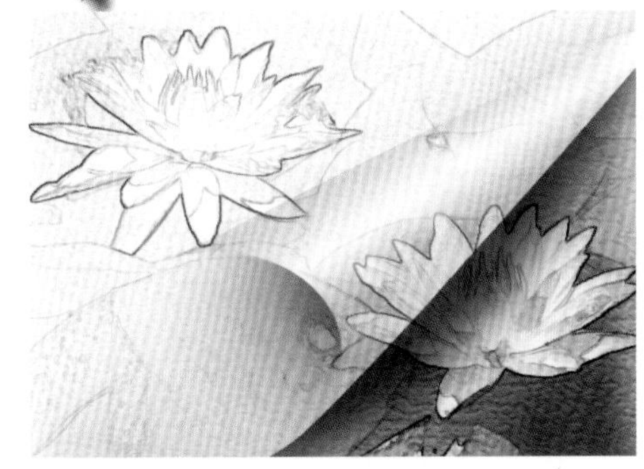

在版面的中心运用透明的卷页效果图来表现主题，强调版面的动感，加强图片的生动性，从而进一步吸引读者眼球。

03 利用纸条表现飘逸感

在版式中，笔记本两侧分别配置相等数量的纸条进行装饰，增强版面的动感，表现出一种随风飘逸的感觉。

04 动态背景图渲染诗意氛围

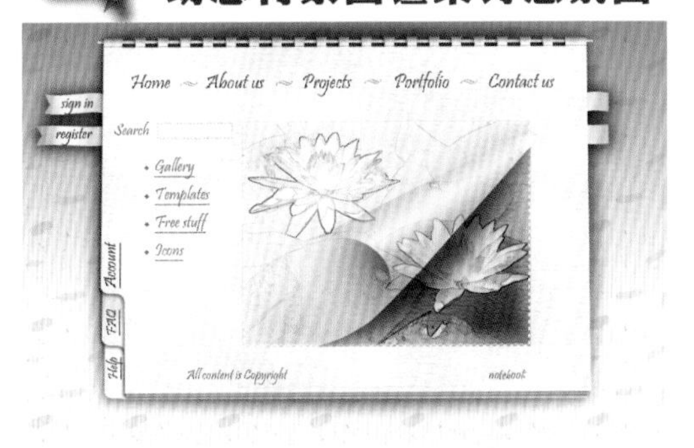

背景配置了一张如下雨般的动态图，以淅淅沥沥的雨滴加深图片的逼真性，烘托出一幅具有诗意的美丽画卷。

Example
10

运用金属性材质作为装饰

本例为了美化版面，利用金属性材质的挂饰配置于版面中，增强了版面的韵律感。添加的塑料蝴蝶结、曲别针、手套等装饰物，表现出细腻的创意思想。

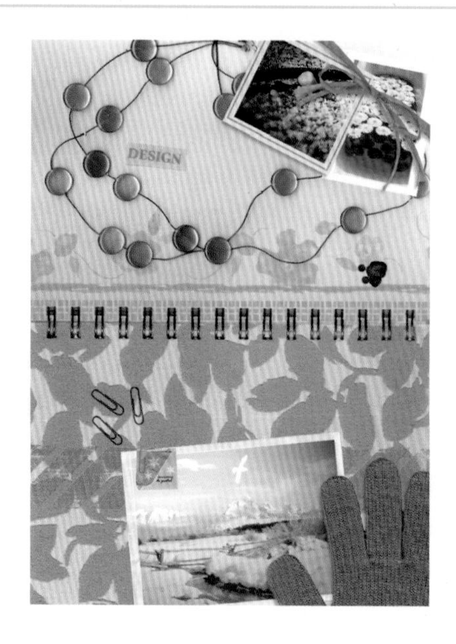

01 利用金属材质装饰版面

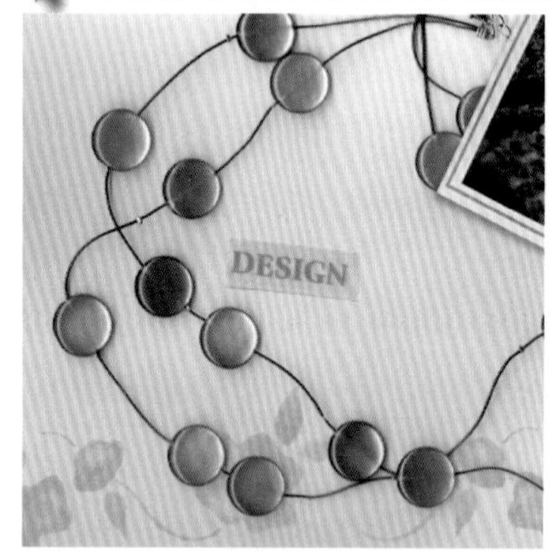

为了更好地美化版面，利用金属性材质的挂饰配置于版面中，增强了版面的韵律感。

02 采用塑料材质强调不同的质感

在色彩绚丽、景色美丽的图片上添加塑料材质的蝴蝶结装饰物，与金属材质形成鲜明对比，使其相互衬托，表现出质感。

03 配置别针以制造动感

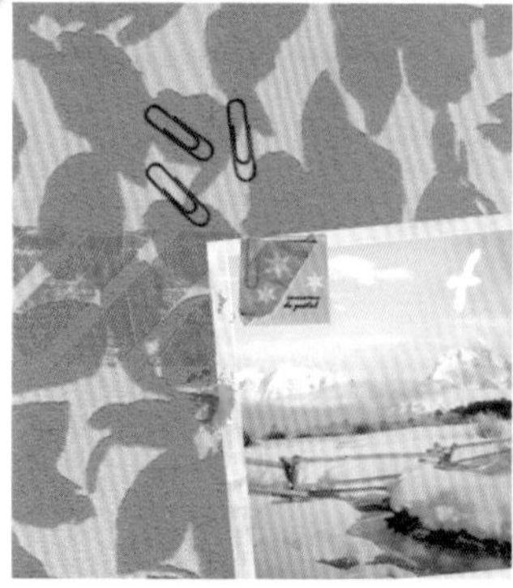

为了强调版式的视觉效果，在橙色底纹上配置了三枚曲别针，以错落的形式制造出动感，彰显创意与个性。

04 利用手套表现生动性

为了强化版面的材质特性，在右下角利用棉质手套素材进行配置，而仿佛人掌般的手套效果，大大增强了版面的生动性。

我的版式设计心得

My Experience Of Layout Design

I think layout design is...

必须掌握的版式编辑技巧

01 打造渐隐的图像效果
02 突出图像的局部色彩
03 制作高浓度的黑白图像
04 制作色彩绚丽的插画式效果
05 设置文字中的剪影效果
06 将文字制作得具有动感
07 制作特殊的变形文字
08 版式中文字的质感表现

在版式设计中，利用图形与文字的不同，可组合展现出内容丰富、吸引眼球的版面效果。利用Photoshop软件可帮助用户轻松地创建和编辑出需要的版面，本章中就将介绍如何利用Photoshop这款图像处理软件实现常用的版式编辑，以步骤的形式详细讲解每个编辑技巧，语言简洁易懂，让读者轻松掌握。

Example

01

打造渐隐的图像效果

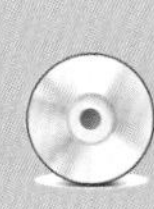

素材文件：出版社网站/本书/素材/01.jpg

最终文件：出版社网站/本书/源文件/打造渐隐的图像效果.psd

在图片上叠加上一层颜色后，利用蒙版隐藏部分颜色，让部分图片内容自然地隐藏起来，制作出渐隐的图像特效，为版面增加朦胧感，渲染画面气氛。

01 打开素材并复制图层

打开出版社网站/本书/素材/01.jpg文件，在“图层”面板中单击“背景”图层，并按住鼠标将其拖曳到“创建新图层”按钮上。

02 设置图层混合模式和不透明度

释放鼠标后可看到复制了一个“背景”图层，得到“背景 副本”图层，再设置“情景副本”图层的混合模式为“滤色”，“不透明度”为50%，设置图层后，可看到图像提高了亮度。

03 为新建图层添加图层蒙版

在“图层”面板中新建一个“图层1”图层并填充其颜色为白色，然后单击“添加图层蒙版”按钮，为该图层创建一个图层蒙版。

04 使用“渐变工具”编辑图层蒙版

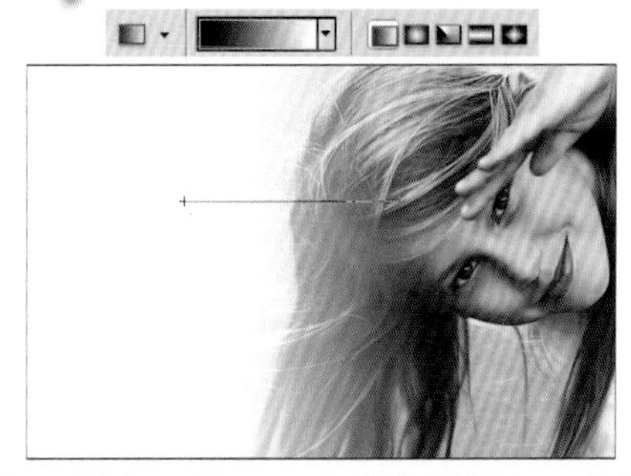

选择“渐变工具”，在其选项栏中，选择黑白渐变选项，设置渐变类型为“径向”，然后在图像中拖曳应用渐变，利用蒙版制作出渐隐效果。

05 创建新图层

通过上步的设置在“图层”面板中可看到编辑的图层蒙版效果，黑色区域为隐藏部分，然后单击“新建图层”按钮新建“图层2”图层。

06 创建选区并填充颜色

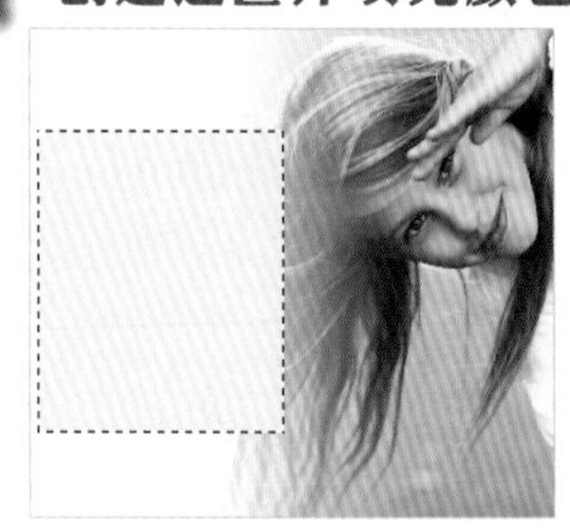

使用“矩形选框工具”在图像右侧创建一个矩形区域，并填充颜色为灰色，R、G、B值都为234，填充颜色后按下快捷键Ctrl+D取消选区。

07 编辑调整图层

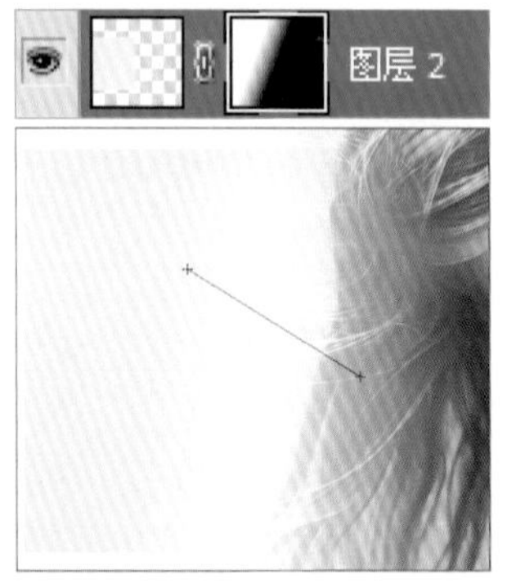

为“图层2”图层添加一个图层蒙版，然后选择“渐变工具”，并使用黑白颜色编辑面板，制作出渐隐的图像效果。

08 完善图像

制作出渐隐的图像效果后，可以使用文字工具在图像中添加文字，完善版面效果。

Example

02

突出图像的局部色彩

通过颜色的叠加将背景图片颜色转换为单色调，再利用删除选区内图像内容展现出背景图像中的彩色部分，让版面中心点突出，而形成的不同颜色图层的透叠还增强了画面的空间立体感。

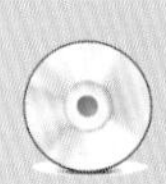

素材文件：出版社网站/本书/素材/02.jpg

最终文件：出版社网站/本书/源文件/突出图像的局部色彩.psd

01 打开素材并创建黑白调整图层

打开出版社网站/本书/素材/02.jpg文件，在“调整”面板中单击“创建新的黑白调整图层”按钮◩，新建黑白调整图层。

02 选择色调

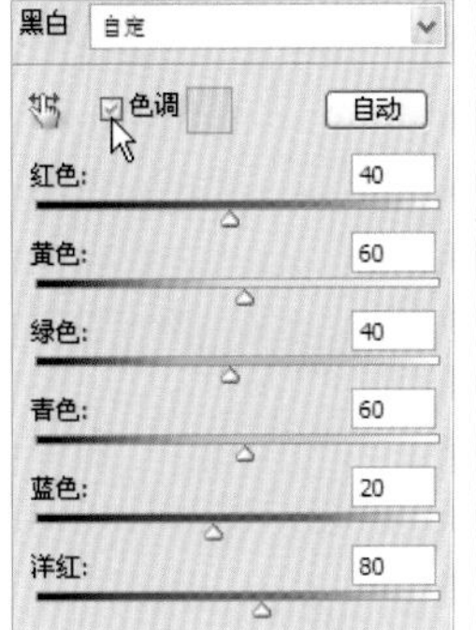

在打开的“黑白”调整版面中，勾选“色调”复选框，然后单击后面的黄色色块，打开一个颜色拾色器。

03 选择目标颜色

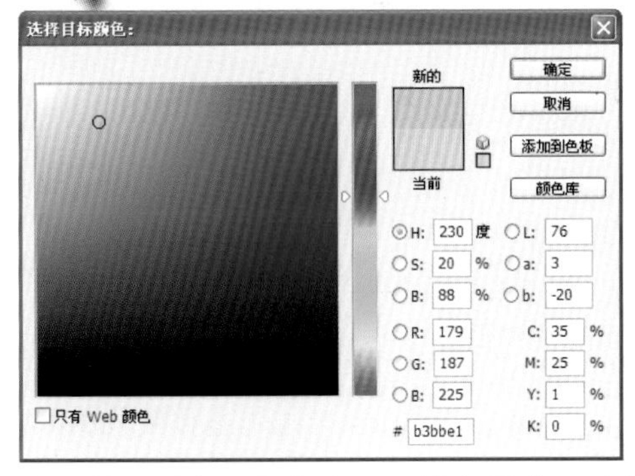

在打开的“选择目标颜色：”拾色器中更改颜色为淡蓝色（R：179、G：187、B：225），然后单击“确定”按钮，确认设置。

04 变换选区

编辑完调整图层后图像色调被转换为蓝色单色调效果，按下快捷键Ctrl+A全选图像，再执行“选择>变换选区”菜单命令，对选区进行缩小变换。

05 设置填充图层

为选区内图像创建一个白色的填充图层，并设置该填充图层的“不透明度”为50%，此时可看到选区内叠加上半透明的白色效果。

06 设置“投影”图层样式

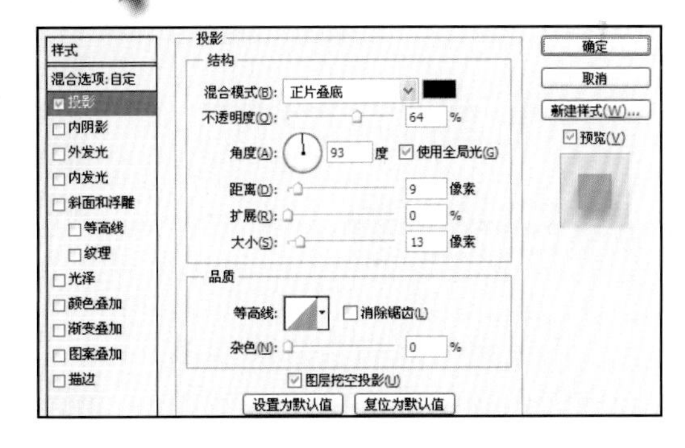

单击“图层”面板下方的“添加图像样式”按钮，在打开的菜单中执行“投影”命令，打开“图层样式”对话框，再对“投影”选项进行设置，设置完成后关闭该对话框。

07 创建矩形选区

添加了“投影”图层样式后，可看到半透明白色边缘添加了投影效果，与背景区分开来，然后使用“矩形选框工具”在图像中创建一个矩形选区。

08 编辑调整图层蒙版

为选区填充黑色，再利用填充图层的蒙版功能隐藏填充图层效果，然后选择“黑白1”图层后的蒙版，同样为选区填充黑色。

09 显示部分背景彩色图像

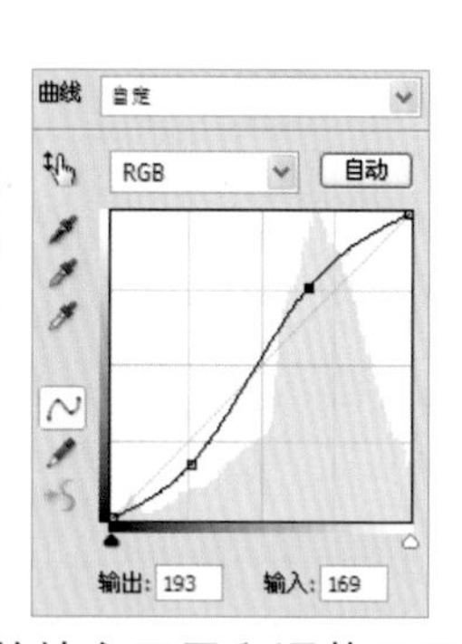

填充选区后，选区内的填充图层和调整图层效果都被隐藏，显示出背景彩色图像，此时再创建一个曲线调整图层，在打开的调整面板中调整曲线。

10 完成效果

调整曲线后增强了图像的明暗对比，让彩色部分图像更显突出，最后在设计好的版面上添加上需要的文字即可。

Example 03

制作高浓度的黑白图像

以经典的黑白色来展现版面中的人物图像部分，强烈的黑白对比完美地展现了图像的特写镜头，再加上右侧简单版面的烘托，使整个版面显得简洁、高雅。

素材文件：出版社网站/本书/素材/03.jpg、04.psd

最终文件：出版社网站/本书/源文件/制作高浓度的黑白图像.psd

01 打开素材并设置黑白调整图层

打开出版社网站/本书/素材/03.jpg文件，然后在“调整”面板中单击“创建新的黑白调整图层”按钮，新建一个黑白调整图层。

02 设置黑白调整图层的选项参数为图像去色

在打开的“黑白”调整面板中，拖曳各颜色下的滑块，更改参数，设置完成后可看到图像转换为黑白的效果。

03 设置曲线调整图层

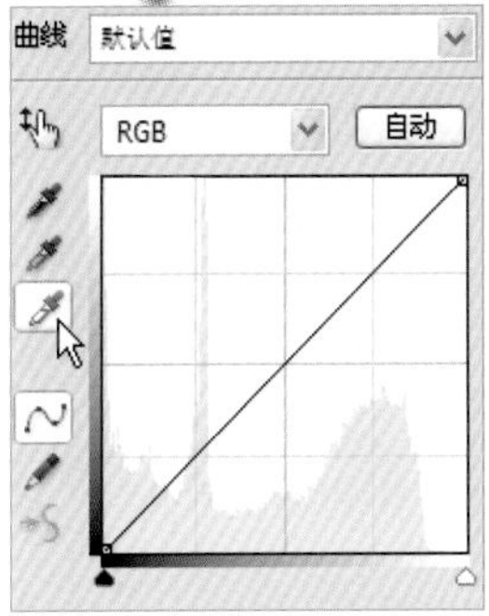

创建一个曲线调整图层，在打开的“曲线”调整面板中单击“在图像中取样以设置白场”吸管工具，在图像中人物鼻子高光区域单击取样，提亮高光区域。

04 提高对比度

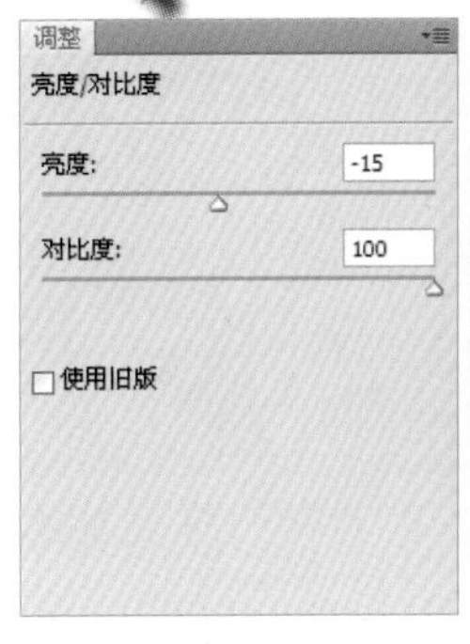

创建一个亮度/对比度调整图层，在打开的调整面板中更改参数值，增强图像的黑白对比，并按下快捷键Alt+Shift+Ctrl+ E，盖印图层得到“图层1”图层。

05 放大裁剪区域

使用“裁剪工具”创建一个与图像相同大小的裁剪区域，将鼠标放置到左侧中间小方格上向左拖曳，扩大创建区域。

06 查看裁剪图像效果

编辑完裁剪区域后，按Enter键确认裁剪，可看到图像画布多出的区域，以背景色白色填充，扩大了画布。

07 打开素材选择图层

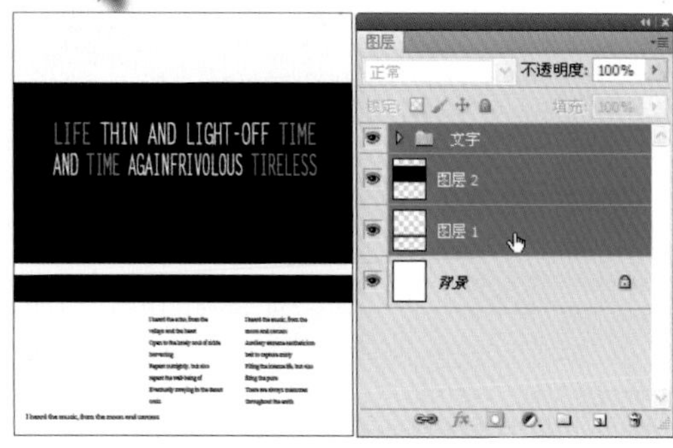

打开出版社网站/本书/素材/04.psd文件，并在“图层”面板中按住Ctrl键的同时单击加选多个图层。

08 拖曳复制图层内容

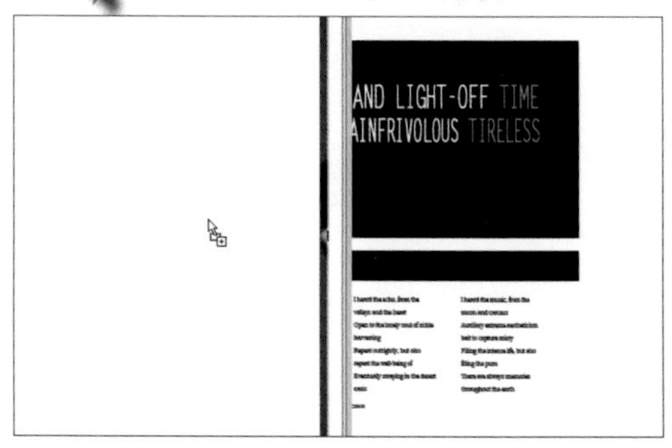

将图像窗口以“双联”排列，使用“移动工具”将04.psd文件中选中的图层拖曳复制到03.jpg文件中。

09 调整复制图层位置后的效果

在人物图像中使用“移动工具”将复制的图层图像移动到人物左侧的空白区域。

10 移动图像位置并载入选区

选中“图层1”图层中的图像，使用“移动工具”将图像移动到左边，然后载入“图层2”图层中黑色矩形区域的选区。

11 添加图层蒙版隐藏多余图像

在“图层”面板中单击“创建图层蒙版”按钮，为“图层1”图层添加一个图层蒙版，将矩形选区以外的图像都隐藏。

12 设置黑白调整图层

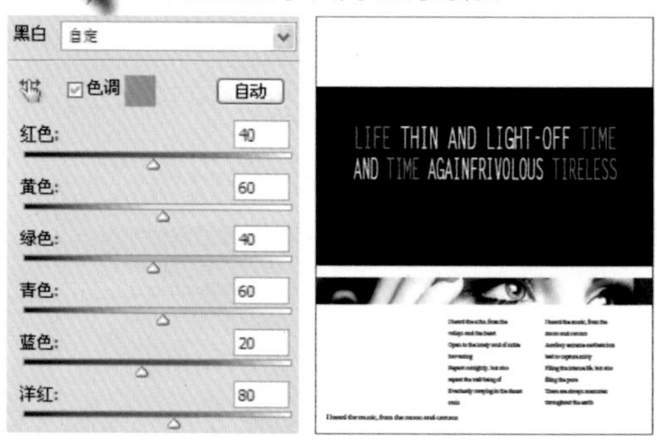

载入“图层1”图层的蒙版选区后，创建一个黑白调整图层，并设置色调颜色为蓝色（R：54、G：155、B：249），设置后更改选区内图像为蓝色调。

13 裁剪图像

盖印一个图层，用“裁剪工具”创建与图像相同大小的裁剪区域，并按住Shift+Ctrl键的同时拖曳裁剪框，从中心等比例放大裁剪区域。

14 查看扩展的画布效果

确认裁剪图像后，可看到图像边缘多出的区域以背景白色填充，扩大了画布区域。

15 设置图层样式

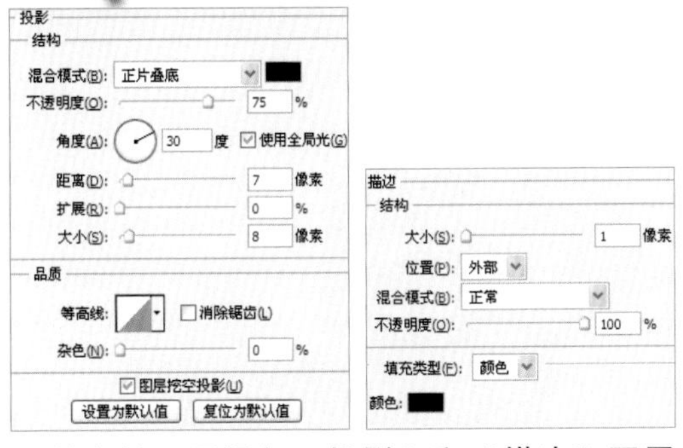

为盖印的图层添加“投影”和“描边”图层样式，并分别在“图层样式”对话框中设置“投影”和“描边”选项。

16 完成效果

为图层设置图层样式后，可看到设置的版面添加了黑色的描边效果，添加的黑色投影效果更增添了画面的立体感。

Example

04

制作色彩绚丽的插画式效果

利用Photoshop中滤镜和调整命令的配合，就可将简单的图像处理成色彩明艳的插画式效果。以清晰的线条描绘的图像，可带给人明快的视觉效果。

素材文件：出版社网站/本书/素材/05.jpg

最终文件：出版社网站/本书/源文件/制作色彩绚丽的插画式效果.psd

01 打开素材并复制图层

打开出版社网站/本书/素材/05.jpg文件，然后在“图层”面板中复制一个“背景”图层，得到“背景 副本”图层。

02 反相图像

对复制的图像执行“图像>调整>反相”菜单命令，将图像色彩反相。

03 设置“最小值”滤镜

设置“背景 副本”图层的混合模式为“颜色减淡”，然后执行“滤镜>其他>最小值”菜单命令，在打开的对话框中设置 “半径”为1像素，设置完成后单击“确定”按钮。

04 查看设置的滤镜效果

确认滤镜设置后，在图像窗口中可看到图像被设置为彩色线条描绘的画像效果。

05 设置阈值调整图层

在“调整”图层中添加一个阈值调整图层，在打开的调整面板中设置“阈值色阶”为216，将图像转换为黑白粗线条描绘的效果。

06 盖印图层

在“图层”面板中再复制一个“背景”图层，得到“背景 副本 2”图层，并按下快捷键Shift+Ctrl+[，将复制的图层排列到最顶层。

07 设置“照亮边缘”滤镜

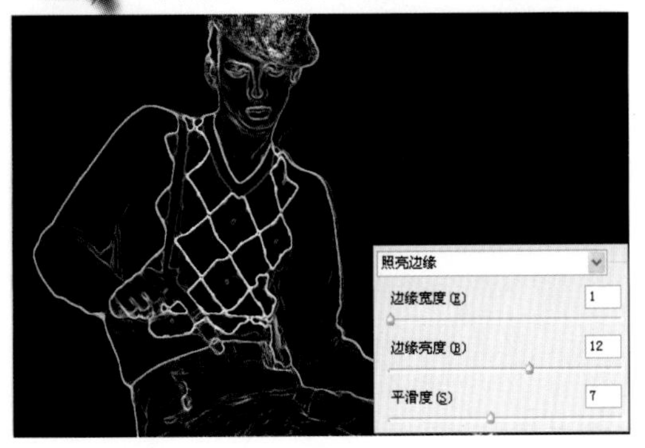

执行“滤镜>风格化>照亮边缘”菜单命令，在打开的对话框中设置选项参数依次为1、12、7，确认设置后得到边缘线条明显的图像效果。

08 反相图像并更改图层混合模式

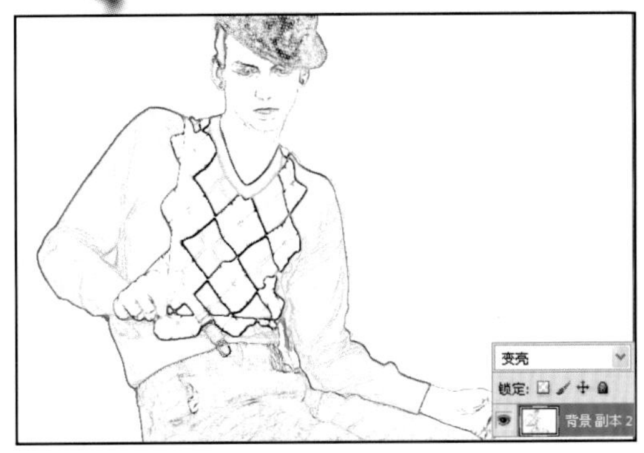

对图像执行“图像>调整>反相”菜单命令，对图像进行反相，然后在“图层”面板中设置其图层混合模式为“变亮”。

09 设置图层混合模式

再次复制一个“背景”图层，得到“背景副本 3”图层，同样调整图层顺序将其排列到最顶层，然后设置图层混合模式为“强光”。

10 查看图像效果

设置图层混合模式后，可看到此时图像已被调整为色彩浓烈的插画式效果。

11 设置可选颜色

创建一个可选颜色调整图层，在打开的“可选颜色”调整面板中，选择“颜色”为“黄色”后，设置“黄色”选项参数为-100%，减少黄色饱和度。

12 完善效果

最后可根据图像的效果，适当地对图像线条进行修饰，添加上需要的文字来完善画面。

Example

05

设置文字中的剪影效果

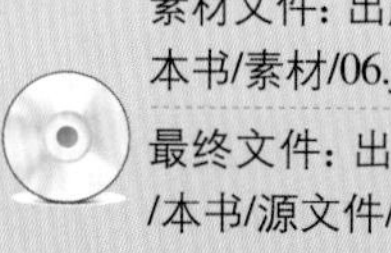

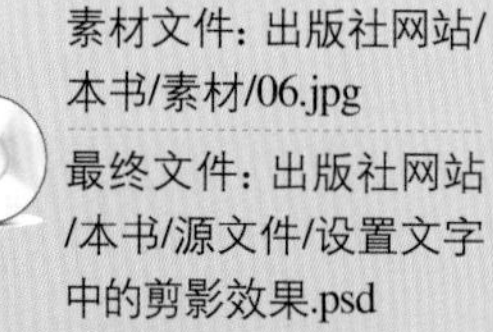

文字与图形的排列可以是相互堆叠的，也可以将文字制作出剪影效果，在文字中显示出图形，让图形与文字结合得更为自然、融合，从而使版面效果显得和谐统一。

01 打开素材并复制图层

打开出版社网站/本书/素材/06.jpg文件，然后在“图层”面板中复制一个“背景”图层，得到“背景 副本”图层。

02 创建裁剪区域

使用“裁剪工具”在图像中创建一个与图像相同大小的裁剪区域，然后使用鼠标向右拖曳扩大裁剪区域的宽度。

03 查看裁剪图像效果

编辑裁剪区域后，按Enter键确认裁剪，可看到画布多出的区域以背景色白色填充显示。

04 移动图像

使用“移动工具”将“背景 副本”图层中的图像移动到右边空白的区域。

05 为图像去色

复制一个“背景 副本”图层，然后对其执行“图像>调整>去色”菜单命令，将图像颜色去除，转换为黑白图像效果。

06 设置不透明度

载入“背景 副本”图层的选区，然后新建空白图层“图层1”，为选区填充白色，并设置其图层的“不透明度”为90%。

07 输入文字并变换大小

选择“横排文字工具”，然后在其选项栏中设置文字的字体和大小属性后输入英文，然后按下快捷键Ctrl+T，使用变换编辑框对文字进行缩放变换。

08 输入黑色文字

继续使用文字工具在页面的另一边输入英文，并同样进行缩放变换，使文字宽度与右侧页面相同。

09 载入文字选区隐藏图层

按住Ctrl键的同时单击文字图层前的图层缩览图，载入英文LUCK的选区，然后隐藏该文字图层，只显示选区效果。

10 删除选区图像效果

在“图层”面板中分别选中“图层1”和“背景副本 2”图层，按Delete键删除选区内的图像，显示出下面图层中的图像效果。

11 设置图层蒙版

选择GOOD文字图层，为其添加一个图层蒙版，然后使用黑色的画笔在文字上与人物重叠的区域内涂抹，隐藏部分文字效果。

12 完成效果

编辑完成后，可看到为图像的文字添加了透叠了彩色的图像效果，文字内容变得更丰富。

Example

06

素材文件：出版社网站/本书/素材/07.psd

最终文件：出版社网站/本书/源文件/将文字制作得具有动感.psd

将文字制作得具有动感

在简洁的版面中添加上文字，利用滤镜为文字添加风吹的效果，影响文字的方向，产生动感的文字效果，让画面立即变得活泼生动。

01 新建文件

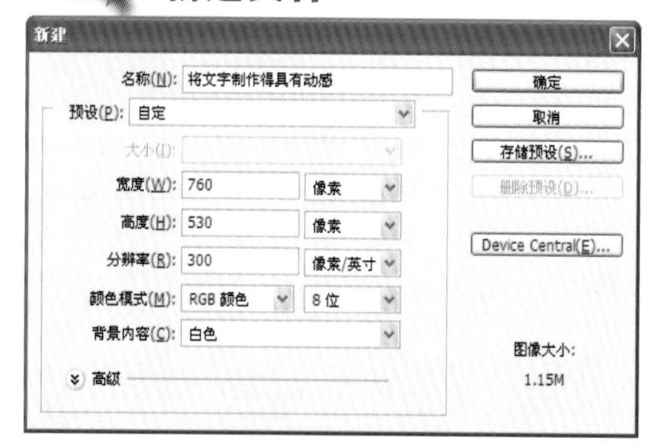

执行“文件>新建”菜单命令，在打开的“新建”对话框中设置新建文件的“名称”、“宽度”、“高度”和“分辨率”等选项。

02 填充背景

确认新建设置后，即新建了一个空白文档，然后设置前景色为蓝色（R：49、G：117、B：187），并为文档背景填充蓝色。

03 添加素材图像

打开出版社网站/本书/素材/07.psd文件，将打开的素材中的图像复制到新建文件中，并使用“移动工具”调整图像位置。

04 输入文字

选择“横排文字工具”，然后在其选项栏中设置文字属性，并输入白色的文字。

05 变换文字大小

按下快捷键Ctrl+T，使用变换编辑框对所输入文字的宽度和高度进行调整，并按Enter键确认文字的变换。

06 栅格化文字图层

在“图层”面板中复制一个文字图层，然后在复制图层上右击鼠标，在打开的快捷菜单中执行“栅格化文字”命令，将文字栅格化。

07 旋转图像

按下快捷键Ctrl+T，使用变换编辑框对栅格化后的文字进行90°顺时针旋转变换。

08 设置“风”滤镜

执行“滤镜>风格化>风”菜单命令，在打开的对话框中设置“风”选项，设置完成后单击“确定”按钮，然后按下快捷键Ctrl+F重复使用“风”滤镜。

09 变换图像

对设置“风”滤镜后的文字图像再次进行旋转变换，并移动到与原文字相同的位置。

10 完成效果

变换完成后可看到图像设置出从上瞬间移动下来的动感效果，最后根据版面需要，在图中添加上适当的文字完成制作。

Example

07

制作特殊的变形文字

在文字的处理中，扭曲变形的文字更能带给人们视觉灵动感，再结合背景图形与文字发光颜色的设置，不同的变形文字还可带给版面不同的视觉效果。

素材文件：出版社网站/本书/素材/08.jpg

最终文件：出版社网站/本书/源文件/制作特殊的变形文字.psd

01 打开素材并设置字符

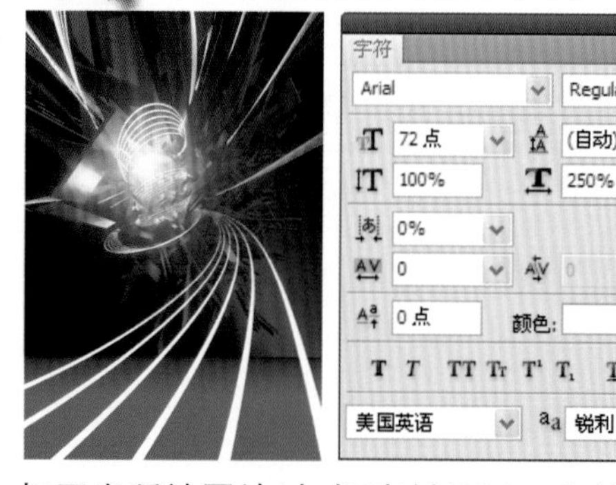

打开出版社网站/本书/素材/08.jpg文件，然后选择“横排文字工具”，并打开“字符”面板对各文字属性选项进行设置。

02 输入文字并调整位置

使用文字工具在图像中输入数字9，并使用“移动工具”将数字调整到图像适当位置。

03 设置变形文字

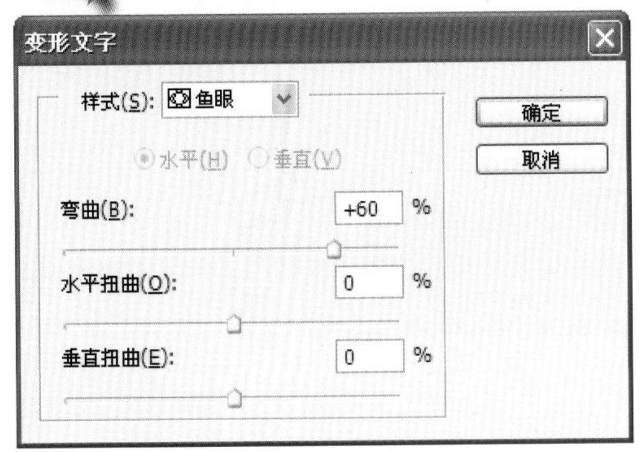

执行“图层>文字>变形文字”菜单命令后，在打开的“变形文字”对话框中，选择“样式”为“鱼眼”，设置“弯曲”为+60%，设置完成后单击“确定”按钮。

04 文字变形效果

确认“变形文字”设置后，可看到文字以选择的鱼眼样式变形的效果。

05 设置“外发光”图层样式

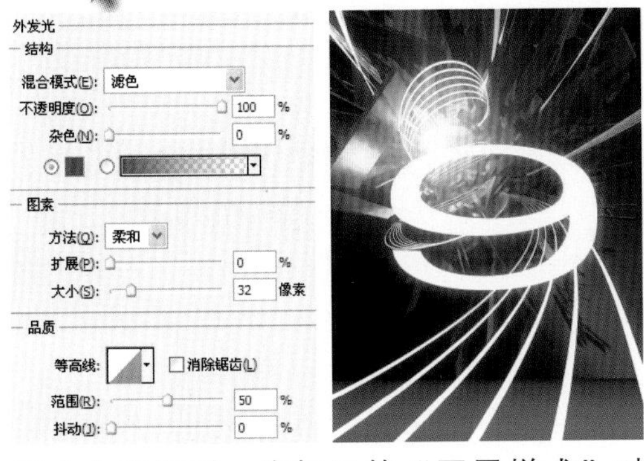

双击文字图层，在打开的“图层样式”对话框中选择“外发光”样式，并在相应选项中进行设置，为文字添加上红色的发光边缘效果。

06 输入文字

选择“横排文字工具”，并在其选项栏中更改文字属性，然后在发光文字下方再添加一行文字。

07 设置变形文字

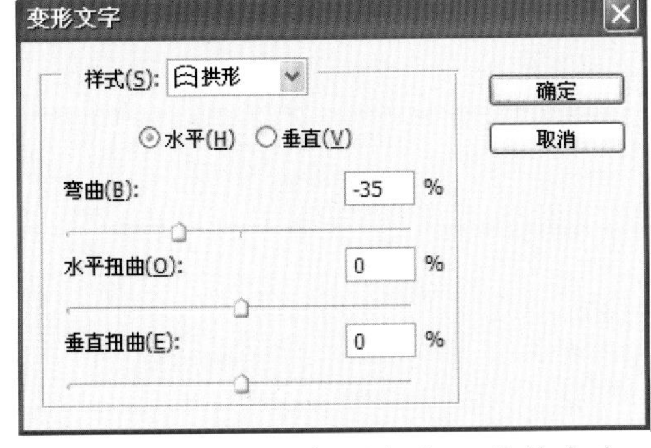

执行“图层>文字>变形文字”菜单命令，在打开的“变形文字”对话框中，选择“样式”为“拱形”，设置“弯曲”为－35%，然后确认设置。

08 添加外发光图层样式

文字设置变形后产生弯曲的变形效果，再为文字添加上与上一个文字图层相同的外发光图层样式，制作出特殊的变形文字效果。

Example

08

版式中文字的质感表现

在版式中对主体文字的处理可以是多样的，用以增强版式的整体效果，例如在文字上添加有明显裂痕、斑驳的效果，让文字表现得更具质感。

素材文件：出版社网站/本书/素材/09.jpg

最终文件：出版社网站/本书/源文件/版式中文字的质感表现.psd

01 打开素材并复制图层

打开出版社网站/本书/素材/09.jpg文件，然后在“图层”面板中复制一个“背景”图层，得到“背景 副本”图层。

02 设置图层混合模式

设置“背景 副本”图层的混合模式为“正片叠底”，图层混合后增强了暗调部分。

03 输入文字

选择“横排文字工具”，再设置文字属性，并在图像中输入白色的文字，然后使用变换编辑框对文字的宽度进行缩放调整。

04 设置图层样式

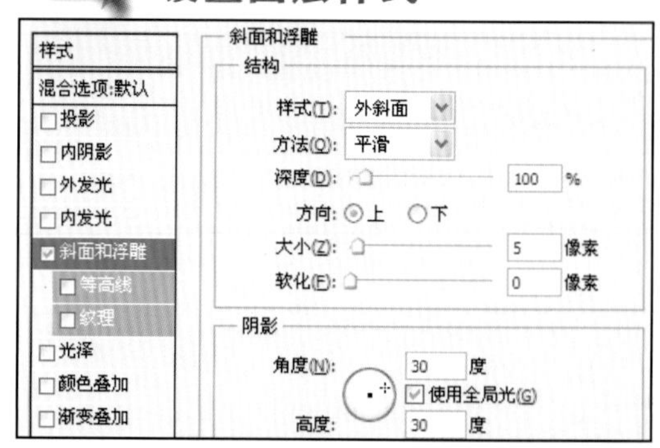

为文字图层设置一个“斜面和浮雕”图层样式，并在打开的对话框中对选项进行调整。

05 设置图层混合模式

为文字图层添加图层样式后，设置其图层混合模式为“柔光”。

06 查看图层混合效果

图层混合后，可看到文字叠加在背景图像上并凸显出来，添加了纹理且具立体感。

07 复制选区内图像

载入文字图层的内容为选区，选中“背景 副本”图层，按下快捷键Ctrl+J，复制选区内图像得到“图层1”图层。

08 设置图层混合模式

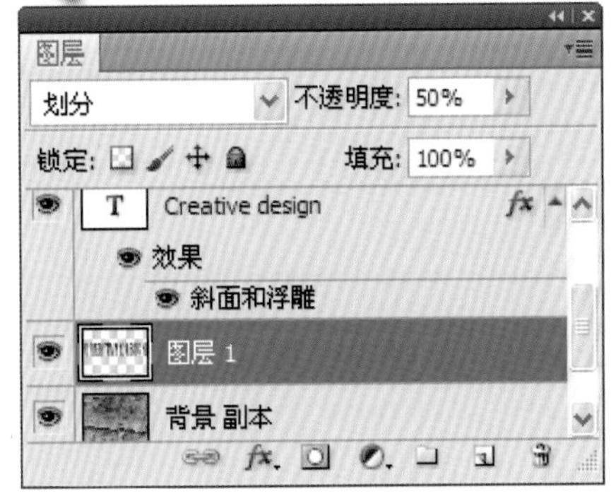

设置复制的“图层1”图层的混合模式为“划分”，“不透明度”为50%。

09 增强文字效果

设置图层后可看到图像中的文字效果被增强，纹理更明显。

10 完成效果

用同样的方法在图像中添加文字，然后设置相同的图层样式和图层混合模式，将文字叠加到背景图像中，让文字表现得更具质感。

我的版式设计心得

My Experience Of Layout Design

I think layout design is...